ANHUI CANCER REGISTRY ANNUAL REPORT（2016）

安徽省肿瘤登记年报

(2016)

安徽省疾病预防控制中心　编著

合肥工業大學 出版社

图书在版编目(CIP)数据

2016 安徽省肿瘤登记年报/安徽省疾病预防控制中心编著.—合肥:合肥工业大学出版社,2017.12
ISBN 978-7-5650-3227-1

Ⅰ.①2… Ⅱ.①安… Ⅲ.①肿瘤—卫生统计—安徽—2016—年报 Ⅳ.①R73-54

中国版本图书馆 CIP 数据核字(2017)第 010924 号

2016 安徽省肿瘤登记年报

安徽省疾病预防控制中心 编著 责任编辑 马成勋

出 版	合肥工业大学出版社	版 次	2017 年 12 月第 1 版
地 址	合肥市屯溪路 193 号	印 次	2017 年 12 月第 1 次印刷
邮 编	230009	开 本	889 毫米×1194 毫米 1/16
电 话	理工编辑部:0551-62903200	印 张	13.75
	市场营销部:0551-62903198	字 数	288 千字
网 址	www.hfutpress.com.cn	印 刷	安徽联众印刷有限公司
E-mail	hfutpress@163.com	发 行	全国新华书店

ISBN 978-7-5650-3227-1 定价:198.00 元

如果有影响阅读的印装质量问题,请与出版社市场营销部联系调换。

前言

服饰艺术面料再造是近十年来服装设计中呈现的一种新的艺术表现形式，是国外服装院校中非常重要的设计教学内容之一。在国内有关服饰艺术面料再造设计的教学还在探索和尝试阶段，面料再造课程除了学习服饰艺术面料再造的技法以外，其重要的就是培养学生的创造性思维方式和设计构思的方法，使学生形成自己的设计风格。

本书主要从七个章节来介绍服饰艺术面料再造。第一章节介绍服饰艺术面料再造的定义、目的及意义；第二章节介绍了服饰艺术面料再造的材质特征，从面料纤维材质特点和艺术面料材质类别来介绍；第三章节介绍了服饰艺术面料再造的艺术灵感趋势以及灵感主题的采集；第四章节为本书的重要内容，介绍了服饰艺术面料再造的设计元素点、线、面以及设计的要素色彩和造型的运用；第五章节也是本书的核心内容，介绍了服饰艺术面料再造的形式美原则以及对服饰面料艺术再造的常用的工艺手法；第六章节从听觉和触觉上介绍了服饰艺术面料再造的艺术形态以及面料的情感化形态的设计；第七章节是对优秀案例的分析，从而让学生更直观地欣赏服饰艺术面料再造优秀的设计运用案例。

本书内容丰富，讲解清晰，用简洁的文字结合丰富的案例，使学生对服饰艺术面料再造有了一个全面的了解和掌握。

本书作为服饰艺术面料再造的教材，坚持理论联系实际，突出了艺术设计各专业方向的应用性特点，汲取了国内服饰艺术面料再造的教学经验，并结合长期以来对服饰艺术面料再造课程的授课经验和教学成果，以案例分析的形式解析了大量的优秀作品，开拓了学生的视野，着重培养学生的思维能力和创新理念，是服饰艺术面料再造教学不可或缺的参考资料。

在此感谢业内同仁和同学们对本书提供的大量图片资料和丰富的作品案例，特别感谢赵文、刘卫、靴果、项化质、何路瑶、周洁等各位老师对本书的大力支持以及2015级服装本1班全体同学的作品展示。

刘　静

2017.7

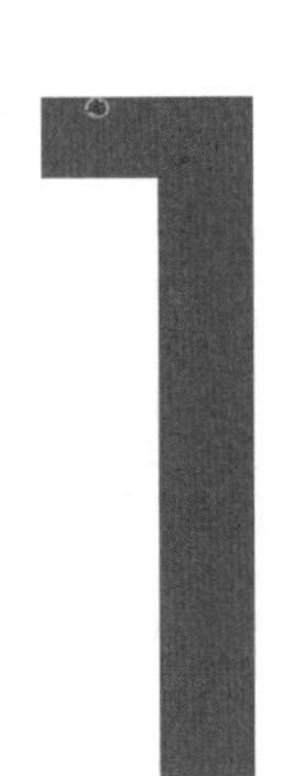

第一章 绪 论

现代信息社会，凡是设计要素，都离不开设计之三要素：色彩、材料、造型。在服饰艺术设计教学中或作为服装设计师，掌握这三点显得尤为重要。现代服饰艺术面料再造是针对人的穿着需要进行实用与审美的造物行为，它是材料、技术与艺术的融合体现，其本质是为人类选择和创造新的生活方式，并被作为一个完整的系统工程来进行操作。而与人关系最密切的产品就是面料，它直接依附于人的身体，服饰艺术面料设计本身应有特殊的肌理特征、材质运用、色彩配置以及各个部位合理的人性化设计。服装设计师在创造过程中，如何处理好面料与造型、色彩之间的关系，如何把握市场商业环境与审美技巧，其结果直接决定了设计的效果以及它的实现价值。

面料是服饰艺术设计的基础，没有面料，服饰的设计根本无法完成。服饰设计师依靠不同的面料来实现自己的创作设计，如绘画家需要绘画工具，植物家需要植物标本，服饰的设计必须依靠面料来实现。早在远古时期的人类将树叶、兽皮披挂在身体上来抵抗大自然的环境，后来又发明不同的织造工具，对各种不同的纤维进行纺织织造，才有了千变万化的面料。随着科技信息的发展，又发明了不同的化纤面料，直到今天，用作服饰艺术设计的面料极为广泛，设计师对面料再造的研究也颇为广泛。若需要了解和掌握如此多的面料性能特征，则需要通过不断学习、探索、创新方才能做到。

学习要点

本章节重在基础理论学习，从艺术设计思维入手，阐述服饰艺术面料再造的定义与目的，树立服饰艺术面料再造的概念，分析再造在面料设计中的实用信息和审美价值，通过不同的图例让学生掌握服饰艺术面料再造的发展趋势。

学习目标

1. 使学生掌握服饰艺术面料再造的定义。
2. 使学生掌握服饰艺术面料再造的目的。
3. 使学生掌握服饰艺术面料再造的意义。

学习服饰艺术面料再造首先要理解它的核心概念。面料的再造是实用与审美相结合的艺术形式，它作为一种基础的设计思维把生活中的自然事物形象经过艺术设计化的处理加工后，使其造型、色彩、材料、风格等适用于现代人的审美为需求。其在艺术设计中作用很大，不仅在形象思维上解决造型的基本问题，还能更好地让学生掌握再造的重要意义。

第一节　服饰艺术面料再造概述

一、服饰艺术面料再造的定义

再造，指重新创建给予新的生命，服饰艺术面料再造英文名称为 fabirice – creation。在国外服饰设计领域以及高等院校里是非常重要的一项创造性内容；在我国服饰艺术设计行业和教育理论研究行业目前处于探索发展阶段，我国服装行业里把服饰艺术面料再造称之为二次设计、面料重组、面料改造等。面料再造也是设计学上的一个专有名词，根据设计的需要，对原有成品的面料进行二次设计，使之产生新的艺术视觉效果，它是服饰设计的一种艺术表现形式，也是设计师创新的体现。

实施服饰艺术面料再造设计就是对服饰面料进行二次创新运用，可以从两方面理解：一是从设计的表现形式，面料再造是服装设计师依据自己的审美或手法对原有服饰艺术面料进行再次设计，对再次设计的面料赋予了新的角度和内容，不断提升面料的艺术表现力，给面料再造塑造出新的视觉表现力；二是从工艺技术形式，面料再造是设计师在现有的面料或纤维材料基础上，对面料进行加工改造，通过不同的工艺处理，对面料完成再造，使之产生不同的视觉效果和艺术形式，在内容与形式以及表达手段上又具有自身的特点。

服饰艺术面料再造设计属于工艺美术范畴，它是实用性和艺术性相结合的一种艺术表现形式，服饰艺术面料是设计的直接产品，间接的设计则是人与社会。面料再造的过程离不开设计，在进行面料再造时，设计师依照计划、构思、设计方案，围绕人们的衣食住行展开的一项赋予创造的行为，所涉及的学科极为广泛，与人体工学、纺织工学、民族学、美学、心理学、宗教、艺术等学科密切相关联。

二、服饰艺术面料再造的目的

1. 艺术形式表达

艺术形式在设计领域中是一项非常重要的概念，它同样适用于服饰艺术面料再造。好的服饰艺术面料进行二次设计必然体现出其具有鲜明完整的艺术形式表达，形式越强则越意味着设计师通过主观的审美意识提炼，形成了独有的视觉冲击力。在面料二次设计中，艺术形式表达由色彩、一次面料、装饰、款式等元素组成。可以说，追求艺术形式表达是服饰艺术面料再造确立设计风格的过程。例如目前在一些极具表演性质的电影作品里，服装设计师为了与电影题材、场景、风格等因素相符合，创作出强烈的艺术形式效果，对原有服饰面料进行二次设计，来突出电影主题。这类的创作形式有极强的个人艺术审美表达，艺术形式表达愈加强烈。电影《公爵夫人》，其服装是设计师Michael O’Connor设计的，面料采用牛奶般丝滑的真丝面料，装饰着各种彩带花边与珠宝刺绣，具有典型的18世纪欧洲上窄下宽的剪裁风格，比较低调简约。（图1－1）

图1－1 《公爵夫人》戏服，采用真丝面料及各种带花边与珠宝刺绣

2. 流行趋势表达

流行趋势是时尚行业的一大特征，面料艺术再造在确定塑造风格之前，除了确立必要的艺术形式，流行趋势的表达也是面料再造的目的。从客观观点上来讲，流行趋势是按照一定的规律循环发展的，随着人们接受新事物的观念越来越快，消费者主体背后的动机已不再是因缺少而购买，随之到来的是与众不同、独一无二的审美流行趋势，这给设计师提出了新的挑战机遇。图1－2、图1－3所示是Alexander Wang 2016早春度假系列，一样焕发强劲能量的“大王”女孩来袭，一样的街头风，Alexander Wang标志性的中性元素依旧充斥在整个系列当中，拉链、扣环、纽扣焕发强劲的金属势能，为整体风格增加了一份率真。图1－4、图1－5所示是詹巴迪斯塔·瓦利（Giambattista Valli）高定秀，面料的结合与精致的剪裁恰到好处。丰富的衣袖，夸张的肩部，特别的围脖，糅合传统及现代感的剪裁，线条利落充满层次感，彰显大师级的剪裁功架，都完美地体现了詹巴迪斯塔·瓦利（Giambattista Valli）自己独到的风格。

图1-2 Alexander Wang 2016早春度假系列

图1-3 Alexander Wang 2016早春度假系列

3. 工艺技术表达

对于服饰设计师来说，进行服饰艺术面料再造，一定离不开工艺技术的表达，它直接体现出设计师对面料再造的作品的成败。在对服饰艺术面料进行二次设计中，服饰的工艺技术主要是裁剪、缝制、染整等，无论是机器化大生产还是手工高级定制，都必须通过工艺技术表达。设计师在对面料进行二次设计时，在考虑艺术形式、流行趋势的同时，掌握和了解工艺技术必然也是其目的之一。当今信息化时代，机械化流水线的面料再造并

图1-4 詹巴迪斯塔·瓦利（Giambattista Valli）高定秀

图1-5 詹巴迪斯塔·瓦利（Giambattista Valli）高定秀

不能满足现实需求，曾经传统的高级定制，在市场需求下已暗潮涌动，这给服饰艺术面料提供了很多新机会，同时也给设计师专业人员提出了要求，服饰面料再造设计必须是艺术与技术相结合的成果，两者相辅相成，缺一不可。图1－6所示是三宅一生（Issey Miyake）打褶技术，于20世纪80年代初推出的“一生褶皱”（Pleats Please）堪称是三宅一生的生命之作。轻盈的布料在机器压制下产生褶皱纹理，服装正如弹簧一般任意拉伸而构成不同形状的立体造型，如此大胆前卫的服装让人们在二维平面和三维空间中产生全新的思考。图1－7、图1－8所示是时刻践行“智能时装”概念的设计师侯塞因·卡拉扬（Hussein Chalayan）的作品，他擅于使用电影短片、装置艺术、雕塑性时装来探索和感知现实生活以及创造出各

图1-6 三宅一生『一生褶皱』系列展出

图1-7 智能时装概念设计师侯塞因·卡拉扬作品

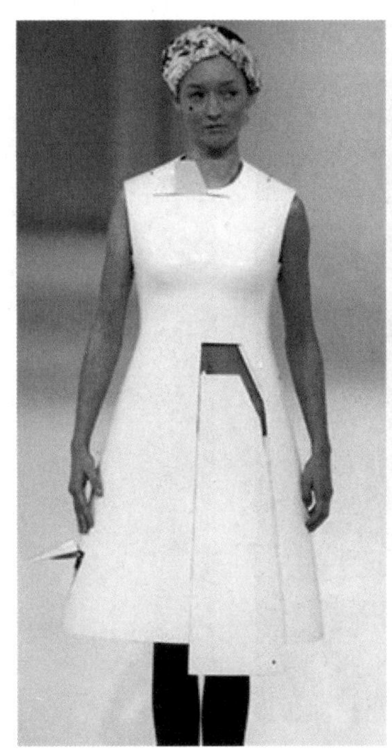

图1-8 智能时装概念设计师侯塞因·卡拉扬作品

种可以变形的时装设计，来传达人类文明进化的可能性和对于未来的思索与想象。比如无袖窿的绷带服装以及之后的激光、LED服装，还有短裙瞬间变长裙、礼服雨水消融等有趣的设计，都十分具有高科技含量。

4. 材料功能表达

材料即面料，它是服饰艺术面料再造设计中重要的组成部分，面料再造能唤醒人们的视觉、触觉、听觉，通过不同功能的面料组合在一起，能产生全新的价值，不同面料再造的纹理、色泽、质地、触感带给人的心理感受是截然不同的。古书《考工记》里有记载材美工巧的设计原则，这也说明在进行面料再造过程中，通过巧手来充分利用材料，使材料的纹理、质地等这些天然的特性得以发挥。在德国包豪斯设计学院，材料学专业有一项教学活动，要求学生了解不同的材料和相应材料的工艺特征，来培养学生对材料的认知，使之在设计中有效发挥材料作用。每一种面料都有独特的特性，设计师在进行面料再造时，都需要对不同面料的特性进行了解和改进，应该巧妙地放大面料再造材质的优点，避开面料的某些缺点，用不同手段使面料再造达到设计效果。在艾里斯·范·荷本（Iris van Herpen）的时装秀场，肩部、胯部高高耸立的圆形突起，如双翼般上翘的肩部轮廓，海洋生物似的立体褶皱与金属质感光滑面料形成对比，银色“发丝裙”搭配锋芒锐利的镜子头饰，她设计的每一件服饰都是可以让人目不转睛的艺术品。(图1－9至图1－11)

5. 生活理念表达

现今无论你生活在哪里，不论你来自哪里，或是去不同国家旅行学习，或是从杂志、电视、电影传媒等中都可以发现，人们的穿衣打扮，与当地的特色融为一体，从而构建你对它的整体印象。服饰艺术面料再造发展至今，早已不是简单的御寒遮羞的功能，更多的是人们对生活理念的表达。随着世界各地

图1-9　艾里斯·范·荷本（Iris van Herpen）时装秀场

图1-10　艾里斯·范·荷本（Iris van Herpen）时装秀场

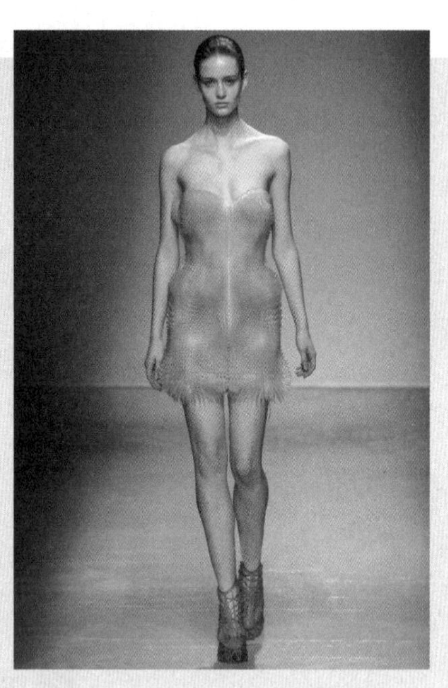

图1-11　艾里斯·范·荷本（Iris van Herpen）时装秀场

生活水平的提高和生活方式的转变，审美情趣也在不断的转变，人们对服饰艺术面料提出了更多元化的发展空间。如何把握好面料再造在生活理念上的传递，创造出更符合大众需求的审美艺术，这也是未来设计师需要思考的问题。不论潮流如何变换，安娜·皮亚姬（Anna Piaggi）始终是秀场前排、时尚派对中最招摇、最抢眼的“花帽巫婆”。她热爱一切鲜艳的色彩，热爱旁人不敢轻易尝试的夸张帽子，永远画着彩色眼影与浓重的唇妆，将各种风格的珠宝首饰巧妙混搭；她怪异、不按常理出牌，同时又敢于尝试，有着给我五十种颜色，我照样能穿出最完美的效果的自信，并且在近60年的时光中，始终将这种理念身体力行。（图1－12、图1－13）

三、服饰艺术面料再造的意义

在现代时装设计领域，一件优秀的作品除了款式造型、服饰色彩外，面料二次处理越来越凸显它的重要性。面料作为服饰的重要组成部分，服饰艺术面料再造不仅可以诠释不同风格和传递设计师观念，且直接影响服饰的色彩、造型的整体视觉效果。一是服饰艺术面料再造给设计传递了思维创新方法，每一种面料再造都以自己与众不同的表情符号，设计创造出不同的新方法，展现出独特的面料韵味。假如同一种面料给不同人去设计，所呈现的必然是不同视觉效果的服饰艺术面料，如何利用好手中的面料进行二次设计，是服饰面料创新的好方法，它也是设计中一种重要的语言。二是现代消费者追求的不只是产品的基本功能，审美需求和精神需求也是大众在购买过程的一种选择方式，因此设计师的创造意识必然会植入到服饰艺术面料再造中去，以满足人们的精神审美需求。三是服饰艺术面料不只是设计创新的秀场，也是推动科技发展的舞台，科技的发展带给面料再造更多的发展机遇，高科技融入服饰面料再造已然成为一个大的发展趋势，并为我们带来更美好、更健康的穿衣体验。

图1-12 安娜·皮亚姬（Anna Piaggi）
时刻都在践行自己的穿衣生活理念

图1-13 安娜·皮亚姬（Anna Piaggi）
时刻都在践行自己的穿衣生活理念

第二节 服饰艺术面料再造的材料

众所周知，服饰艺术面料在服装设计中已不仅仅是设计构思的载体，其本身已经成为创新设计的主体。在服饰艺术面料再造的过程中，服装材料是影响服饰艺术面料再造的最重要也是最基本的因素，服饰艺术面料再造离不开服装材料，其材料的范围很广泛，主要分为梭织布（Woven Fabric）和针织布（Knit Fabric）两大类，大部分面料由两种材料组成，见表1–1所列。（图1–14至图1–17）

表1–1 天然材料和人造材料

天然材料	人造材料
棉(白棉、彩棉、有机棉等)	呢绒、黏胶、皮革
麻(亚麻、苎麻、剑麻等)	人造丝、人棉、混纺
丝(桑蚕丝、柞蚕丝等)	人造毛、马海毛
毛(羊毛、兔毛、澳毛等)	聚酯、涤纶

◆ **思考：**影响服饰艺术面料再造的目的有哪些，试举例说明。

◆ **练习：**请收集2014—2017年不同品牌风格的时装发布，对面料进行分类并比较分析，以PPT的形式展示介绍。

图1-14　化纤聚酯

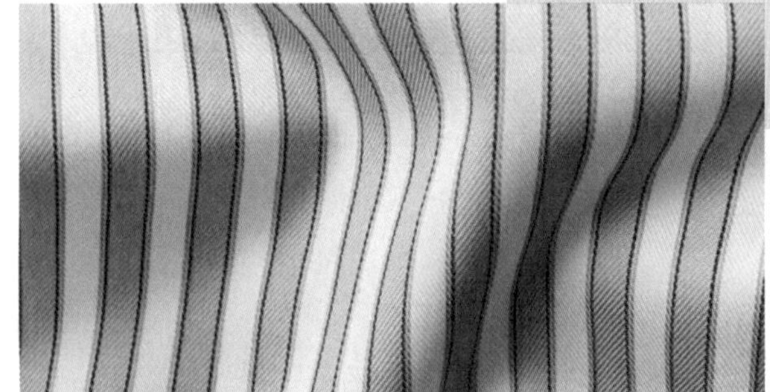

图1-15　天然亚麻

图1-16　天然纯棉

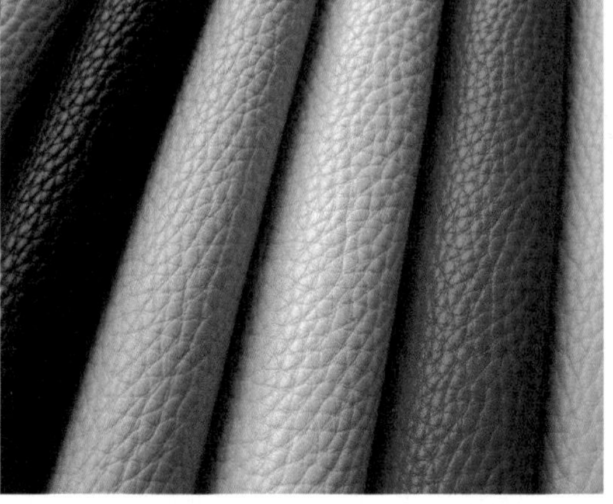

图1-17　人造皮革

第二章　服饰艺术面料再造的材质特征

学习要点

通过本章的理论基础学习，重点了解各种服饰艺术面料再造纤维的材质特点及服饰艺术面料再造的材质分类，并考虑服饰艺术面料的外观、性能、变化、影响因素等。

学习目标

1. 使学生掌握各类服饰艺术面料纤维材质的特点。
2. 使学生掌握服饰艺术面料材质的分类。

核心概念

服饰艺术面料再造纤维的种类非常多，变化也大。随着科技的不断发展，不断有新的服饰艺术面料推出面市。除了外观方面，许多服饰艺术面料内部的性能特点及科技含量都在不停地激发着人们的好奇和探索。而这些服饰艺术面料纤维的基本特点及特征都是我们所需要学习与掌握的重点。

第一节　服饰艺术面料再造纤维材质特点

一、植物纤维材质

天然纤维的艺术纤维面料具有不同的手感与风格，近些年来由于崇尚自然风潮的兴起以及环保意识的增强，市场上复合型手感的新型面料都有着良好的反映。天然纤维是指从自然界中提取的具有纺织价值且可直接用于纺织的纤维原料。目前，最常见的植物纤维有棉、麻等。

1. 棉

根据棉纤维的粗细、长短和强度，一般分为长绒棉（海岛棉）、细绒棉（陆地棉或高原棉）和粗绒棉（亚洲棉）三种。棉纤维织物是服装面料中应用最多的织物，有纯纺织棉织物、混纺棉织物、有机织锦织物、印染棉织物等。棉纤维面料具有以下特点：吸湿性好、不易产生静电、触感柔软亲和、穿着自然舒适、透气性能好、耐穿耐用、湿强大于干强、耐碱不耐酸、耐水洗、易水洗、弹性较差、容易褶皱、水洗会收缩、易受潮霉变等。

棉纤维织物外观朴素、自然，一般无光泽，棉纤维易染色，色谱全，色彩较丰富。在内衣的设计上，棉质的艺术面料也得到了较多的应用，因为它柔软等特点，还因为其他的一些特质，比如：暖感或者冷感的肌肤触感，对皮肤的亲和感，自然的光泽感，吸湿透气导湿，抗菌除臭无静电。当然，在其他的时装面料应用上来说，棉也是始终占领着较大的市场。常见的棉纤维面料有牛仔布、灯芯绒、牛津纺、平纹布、卡其等。(图2－1至图2－4)

图2-3　牛仔布

图2-1　灯芯绒

图2-4　平纹布

图2-2　牛津纺

2. 麻

麻纤维是从各类麻类植物中取得的纤维，常用于服装纺织原料的有苎麻、亚麻、黄麻、大麻、罗布麻、剑麻等。麻纤维面料是指以麻为主要纤维原料的面料。麻纤维面料具有以下特点：吸湿性能好、散湿速度快、干爽、不易滋生细菌、手感较硬、水洗会收缩、耐碱不耐酸、不易霉烂、不易虫蛀。麻织物穿着凉爽舒适、干净卫生、出汗不黏身，是夏季服装的优良面料。时装很多都采用麻型的面料，因为被要求具有良好的悬垂性、飘逸感，而清晰细腻的布面纹理也是这类面料的独特之处。

麻面料的品种不如棉面料的丰富，外观朴素、自然、粗犷。麻混纺织物也在不断丰富中，如棉麻布、麻粘布等。（图2－5、图2－6）

图2-5　棉麻布

图2-6　麻粘布

二、动物纤维材质

动物纤维也称蛋白质纤维，分为丝纤维和毛纤维两大类，也是天然纤维的一种。丝纤维常见的有蚕丝；毛纤维常见的有绵羊毛、兔毛等其他动物毛。

1. 丝

天然纤维中的丝纤维是指桑丝纤维，桑丝纤维是天然纤维中唯一的长纤维，是绸缎的主要原料。丝纤维面料光泽明亮，具有独特的“丝鸣”，风格华丽、高贵，有很强的悬垂性，织物平整，弹性较好，紧密光滑，有凉感，不易起毛起球。

丝纤维织物的品种繁多，薄如纱，华如锦。常见的桑蚕丝又叫真丝，属于高档纺织原料，有“织物皇后”之称（图2－7）。双宫丝是双宫茧制作的，双宫茧是两条蚕同做一个茧，抽出的双丝松紧不一，粗细不一，丝上面有许多小疙瘩，由于这个特点，这种丝织品面料厚重，别具风格，很受国内外市场的欢迎。受到人们青睐的还有细丝及绢丝。丝纤维面料还有以下特点：吸湿性好、无潮湿感、穿着舒适、弹性恢复率高、抗皱性能好、洗后免烫、耐酸不耐碱、隔热性好、保暖性好、耐光性差、对汗液的抗力差。

图2-7　真丝

图2-8 羊绒

2. 毛

毛纤维是指从各种动物身上获取的毛发，可以用来进行纺织的纤维原料。毛纤维面料是指以羊毛为主要纤维原料的服装面料。天然毛纤维包括绵羊毛、山羊绒（开司米）、骆驼毛（绒）、牦牛毛（绒）等。服装面料中用得最多的是绵羊毛和山羊绒。毛纤维面料有以下特点：吸湿性能非常好、干爽、蓬松、柔软、穿着舒适且保暖、易染色、难燃、易被虫蛀。毛纤维密度是天然纤维中最小的且不具有热塑性能。（图2－8）

毛纤维的外观端庄且稳重，织物蓬松、饱满，有温暖的感觉。外观及风格也是多变的，可以是十分高端优雅的礼服艺术面料，也可以是普通的粗纺织布；可以是夏天透爽的细腻，也可以有着冬天的厚重。毛纤维面料一般分为精纺毛面料、粗纺毛面料及其他，品种非常丰富。

三、再生纤维材质

再生纤维是指用天然高分子化合物为原料，经化学加工方法制成的纤维。再生纤维可分为再生纤维素纤维和再生蛋白质纤维两种，除了黏胶纤维，还有铜氨纤维、醋酯纤维等。大多数化学纤维以仿天然纤维织物为主，并且还可以跟各种纤维混纺及交织而形成新的纤维面料。环保型的再生纤维素纤维有天丝和莫代尔。再生蛋白纤维也被称为人造羊毛，有类似羊毛的性能，手感柔软且富有弹性。因为再生纤维面料是化学纤维的一种，是用化学的方式制成的，所以它的形态非常多变，外观风格也非常丰富，纤维可以是长丝也可以是较短的，可以是有光或者无光的。（图2－9至图2－11）

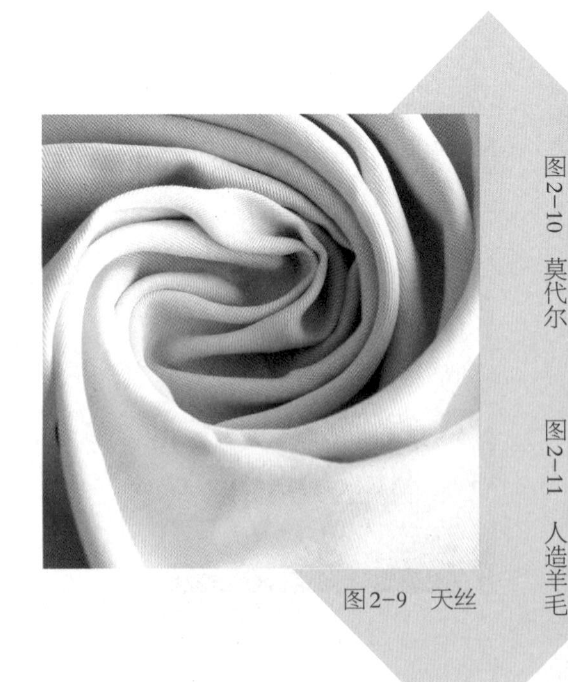
图2-9 天丝

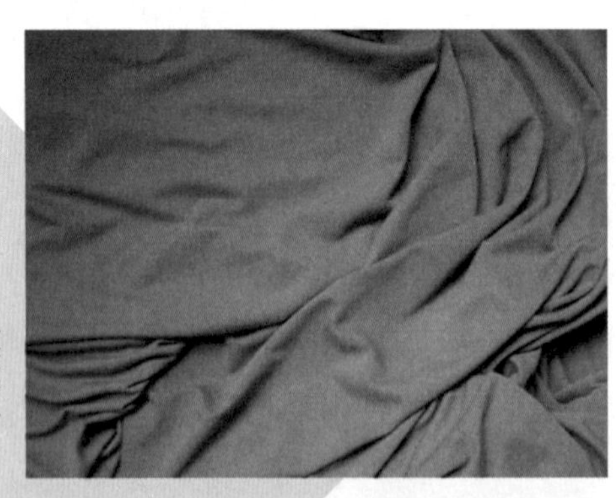
图2-10 莫代尔

图2-11 人造羊毛

四、合成纤维材质

合成纤维是指用人工合成的线状聚合物，经纺丝和处理后而制得的化学纤维。合成纤维具有其化学纤维的一般优点，比如强度高、质轻、不易虫蛀等。不同的合成纤维又具有各自独特的性能。

1. 涤纶

涤纶是合成纤维中一个重要的品种，学名为聚酯纤维，在合成纤维中不算很有历史的品种，其原料易得、性能优异、用途宽广，发展非常迅速，现在的产量已居化学纤维的首位。涤纶最大的特点是弹性好，比任何纤维都强。除此之外，它还有以下特点：涤纶织物平整、挺括、强度好、耐磨性较好、牢度高、耐热、服装坚牢耐穿。其缺点也明显：吸湿性差，由它纺织的面料穿在身上发闷，不透气；容易起毛起球，起毛之处容易藏污纳垢，需经常清洗。

2. 锦纶

锦纶的学名为聚酰胺纤维，为我国的商品名称。其特点有强度高，耐磨性好，易清洗，易干。它的缺点与涤纶一样：吸湿性和通透性较差，干燥环境下易产生静电。锦纶的耐热、耐光性不够好，由其制作的服装易变色、发灰、发黄，不如涤纶漂亮。锦纶保型性差，用其制成的衣服不如涤纶挺括，易变形。

3. 腈纶

腈纶的学名为聚丙烯腈纤维，是合成纤维中出现得比较晚的品种。腈纶纤维外观为白色、卷曲、蓬松、手感柔软、酷似羊毛，多用来和羊毛混纺或作为羊毛的代用品，故又称作合成羊毛。腈纶的耐光性好、质地轻而牢固、弹性好、保暖性好。腈纶的耐磨性较差、吸湿性较差、润湿性较好。

4. 维纶

维纶的学名为聚乙烯醇缩甲醛纤维，维纶洁白、柔软似锦，常被用作天然棉花的代替品，被称为合成棉花。其吸湿性在合成纤维中是最好的，耐磨性、耐光性、耐腐蚀性也较强。回弹性较差，耐干热性强，耐湿热性极差。

5. 丙纶

丙纶的学名为聚丙烯纤维，是合成纤维中最新的品种之一。它具有较高的回弹力，因而有丙纶成分的面料挺括而富有弹性。丙纶具有良好的保暖性、抗水性、耐腐蚀性，基本不吸湿，但具有较好的导湿性能。用丙纶制作的衣服不透气，穿着时感到闷热，缩水率较低、易洗、易干。丙纶的耐光、耐热性都较差，手感也较差，且不易染色。丙纶在服装中应用较少，常应用于填充物和地毯中。

6. 氯纶

氯纶的学名为聚氯乙烯纤维。日常生活中接触到的塑料雨披、塑料鞋等大都运用了这种原料。氯纶的优点较多：耐化学腐蚀性能强，易保存；导热性能比羊毛差，保湿性强；电绝缘性较高，不易燃。

7. 氨纶

氨纶学名为聚氨酯弹性纤维，与乳胶丝性质相似，弹性优异。氨纶在织物中的含量较少，主要以包芯纱的形式存在于织物中或者制成带氨纶的变形纱织造弹力面料，常见的有弹力牛仔裤、弹力内衣裤、弹力游泳衣、合体时装等。其具有合体舒展的穿着性能，在袜口、手套、针织服的领口及袖口，带类及航服中的紧身部分普遍应用。

第二节　服饰艺术面料再造的材质分类

一、柔软面料

面料的轻薄化是当代面料发展的重要趋势之一。柔软的面料受到青睐是有原因的。一般来说，轻薄柔软的面料对工艺和技术的要求较高，用料讲究且处理上需要更加精细，自然更加高档与贵重。还有一方面的原因就是轻薄柔软的面料外观精致，手感好，具有轻薄、悬垂感好等特点，易给人的心理上带来青春、轻盈、娇柔的感觉。柔软轻薄的面料在春夏服饰中较常见，常被用于表现服饰的流动、飘逸及曲线感。在秋冬的服饰中也用来装点及点缀细节与局部。从20世纪80年代开始，所有面料每平方米的重量就大大地减轻了。轻薄型的面料有很多，比如针织面料、丝绸面料、麻纱面料（图2－12）等。常见的针织面料有汗布等。汗布是一种轻薄型针织物，因吸湿性非常好，常常用于贴身穿着的服装。

图2-12　麻纱面料

二、硬挺面料

硬挺的面料一般用于外套、大衣或者立体造型的服饰中。上浆后的面料比原来都要厚实、平整、挺括一些。另外，含丙纶纤维的面料挺括且富有弹性。粗纺毛织物一般较硬挺，容易塑型。用中低级羊毛织造的粗纺毛织物有制服呢、海军呢，都以其硬挺的特征、较深的颜色，适用于制作各种制服等而得名。(图2－13)

另外也有容易塑型但质地较薄的面料，例如欧根纱等。硬挺的面料还有近些年市场上比较流行的太空棉面料，被频繁使用在日常的服装设计中。

图2-13　上浆棉

三、光泽面料

光泽面料表面光滑并能反射出亮光，这类面料具有美观性、装饰性的特点，常见于礼服或舞台表演服中，现如今在日常服饰中出现得也较为频繁。有多种方法可以达到面料具有光泽的效果，例如：真丝等面料本来的自然光泽、亮片等的修饰、荧光染料或特种印花的加工等。(图2－14、图2－15)

图2-14　金属丝

图2-15　亮片面料

长丝织物一般光滑、亮泽。天然纤维中只有蚕丝是长丝，化学纤维中则有人造长丝以及合纤长丝两大类。人造皮革的光泽度也较强，天冷容易发硬，在用途上有一定的局限性。荧光面料一般用于特殊场合服装的设计中，但近些年也在日常休闲服饰设计中出现。

四、透明面料

透明的面料能表现出透视感、朦胧感、层次感，能有效提高服饰的艺术美感，营造出神秘的效果，常用于礼服或春夏服饰中。除了天然的棉、丝绸等，透明型面料还有乔其丝、化纤的蕾丝、PVC（聚氯乙烯）复合面料等。（图2－16）

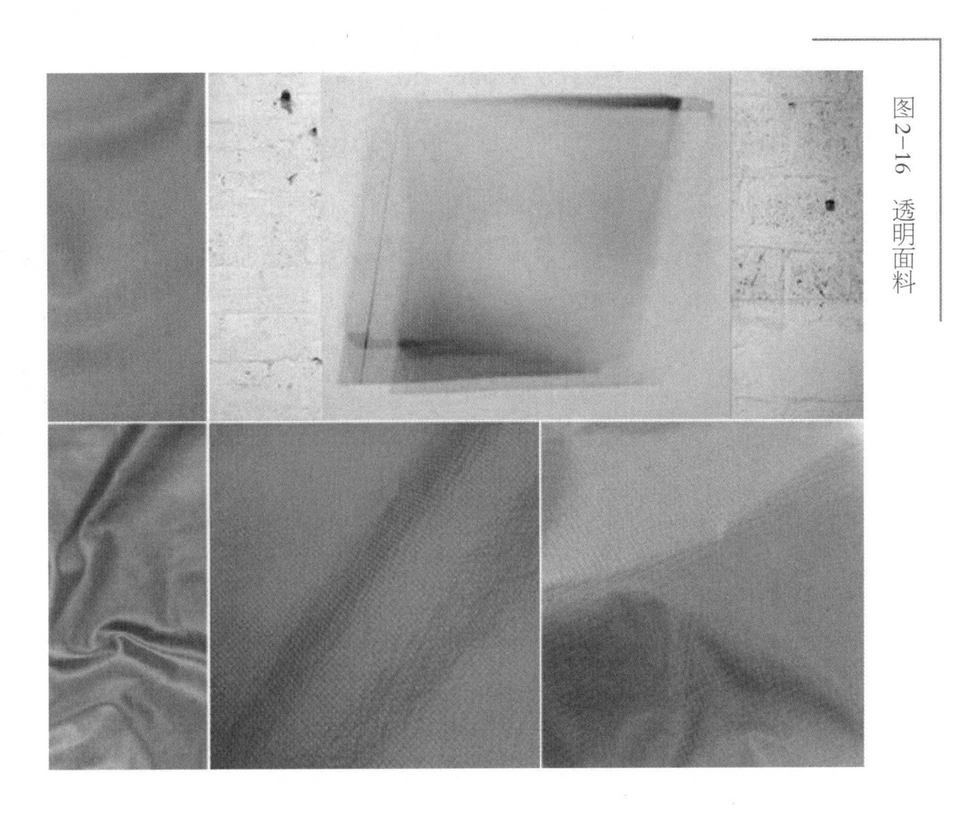

图2-16　透明面料

五、厚重面料

厚重的面料最常见于秋冬服饰，坚实、挺括，能制作出稳定的造型，通常用于礼服、西服、大衣等的制作中。常见的有粗纺毛织物，或者运用填充及绗缝的方法制作较厚实的面料。（图2－17、图2－18）

秋冬服饰中常见的制作大衣的面料有各种类型的大衣呢，比如平厚大衣呢一般用于制作女式大衣；立绒大衣呢有丝绒状的立体感，没有明显的织纹，经过整理及加工之后表面比较平整，又被称为麂皮大衣呢。除此之外还有顺毛大衣呢、烤花大衣呢、花式大衣呢和双面大衣呢等。

图2-17　粗纺呢绒面料

图2-18　绗缝面料

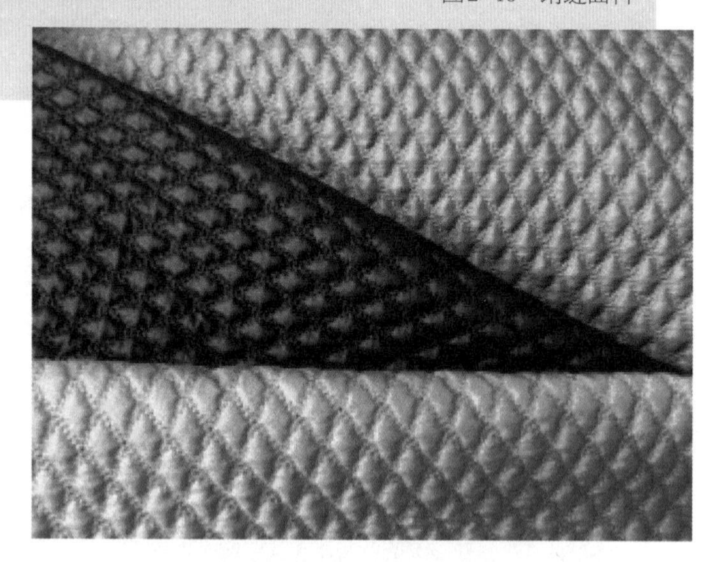

◆ **思考：**

1. 服饰艺术面料再造纤维材质大致分为哪些种类？它们都有哪些特点？

2. 服饰艺术面料再造从材质上一般可以分为哪些类别？每个种类都有哪些代表性的面料？

◆ **练习：**请以图表形式，挑选几组不同纤维材质的面料做对比并观察它们的外观特征。

◆ **要求：**请将每个面料小样裁剪为5cm×5cm，并有序地粘贴在A3白色卡纸上。

第三章 服饰艺术面料再造的灵感趋势

学习要点

掌握并了解服饰面料艺术再造的设计原则以及灵感来源，增强学生的观察与分析能力，学会在各个灵感主题来源中获取信息与想法。了解服饰艺术面料再造的流行趋势，并有意识地对趋势发展有自我的判断与预测。

学习目标

1. 了解服饰艺术面料再造的灵感主题及来源。
2. 了解服饰艺术面料再造的流行趋势预测。

核心概念

设计灵感是设计者进行服饰艺术面料再造的动力，灵感的产生都不是偶然的，积累与观察是迸发灵感源泉的基础。服饰艺术面料再造不仅要求面料设计师对面料有比较深厚的了解，也要求设计者在原有的已存在的艺术面料上再进行处理与加工，从而设计出更加优秀与新颖的艺术面料。本章主要针对服饰艺术面料的灵感主题和流行趋势进行分析。

第一节 服饰艺术面料再造的灵感主题

每一种服饰艺术面料都不是凭空出现的，都需要设计师们尽可能地从各个方面，通过各种渠道而获取灵感，才能进入调研、实验等更深层的阶段。说到“灵感”和“创意”，总感觉很抽象，很难描述，其实并不然。灵感即生活，和行走、坐卧、吃饭一样。灵感与创意是我们生活的一部分，也是一种大家与生俱来的能力。灵感体现在服饰艺术面料再造的设计方面，非常考验设计师们平日的积累、独特的鉴赏力、敏锐的观察能力、严谨的思考方式以及坚忍的耐力。而这些艺术面料再造的灵感主题又是从何而来呢？其实它们可以来源于大自然中、生活中、文化历史中，也可以来源于世间一切可听、可见、可闻的万事万物中。

一、自然中的灵感信息

人类本就是大自然的产物，人类的任何创造与设计都离不开大自然。大自然赋予了这个世界千变万化的形态，人类的艺术创作可以从大自然中吸取无数的灵感。飞禽走兽、湖光山色、水、金属等各类元素都能带给我们的头脑各种形式的提示与提点。比如造型上模仿植物，如叶子、莲蓬（图3－1、图3－2）；也可以学习像羽毛一样的或者海螺一样的排列造型的方式（图3－3、图3－4）。除此之外，龟裂的大地、滴落的雨滴、电闪雷鸣等自然现象都能带给我们丰富的联想与借鉴空间（图3－5）。人类文化从来都离不开自然，从原始的岩画到古典建筑装饰，从中国山水画到西方绘画，从手工艺品中大量出现的图案纹样构成形式到现代设计，都显示出人们对自然的真实再现和依托自然的多种意象化表现。无论是从外部形态的模仿到内部结构的重塑与改造，自然以及一切生命律动无疑是图像和设计原创的源泉。每一自然物的造型、色彩、质感、肌理都是我们可以借鉴、联想、转化及应用的。

图3－1

图3－2

图3－3

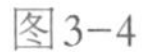
图3-4

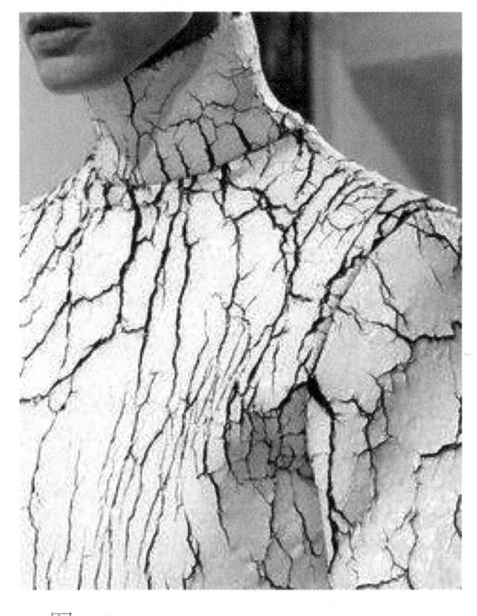

图3-5

二、生活中的灵感信息

很多设计师的灵感也来源于日常生活中，看似平凡的事物，有的时候可能只是一转身或者打了个机灵就想到了什么或者注意到了什么。人们常说“要成为一名设计师必须拥有一颗好奇的心和一双会发现美的眼睛”。不过这些灵感如果没有经过整合、提炼而运用到面料设计上，也不能称之为服饰艺术面料再造的灵感。日常中，能带给我们灵感的可以是任何一些小的事物，比如：烧毁的旧报纸、有裂缝的墙壁、破损的抹布、滴落的油漆等。除此之外，街头艺术和流行音乐、符号化的标志、印章式的图案等也是面料再造中装饰与印花的灵感来源（图3－6至图3－8）。日常生活的点滴，我们可以从以下三个方面去考虑：

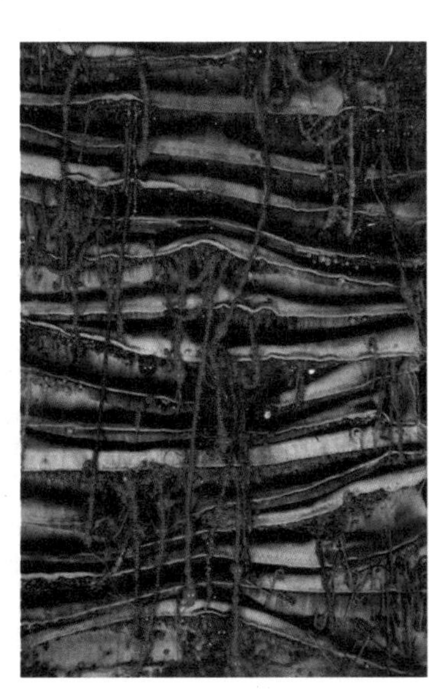

图3-6

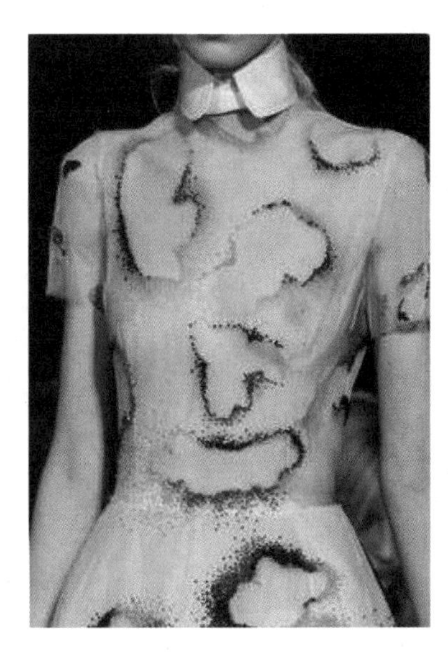

图3-7

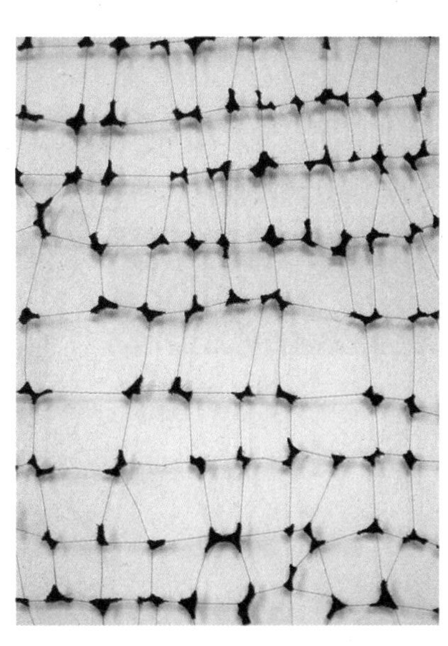

图3-8

（1）生活中的人造物品。例如咖啡、大头针、棋盘以及其他大家感兴趣的物体。

（2）日常生活中的活动或者感想。比如喜欢的电影，阅读的一本好书，一次长途旅行归来后的感想……只有当我们积累了足够的经验，体验了更多不一样的生活与人生，才能收获更多的灵感。

（3）一些重大的社会新闻或者历史事件。

三、多元民族文化的灵感信息

历代的民族服装服饰也是古人留给我们的宝贵资源及财富，是现代服饰服装设计的根基。无论海内外都存在着各种民族文化，它们是人类智慧的结晶，凝聚了人类丰富的经验，也包含了各时期的审美情趣。从中我们可以获取无数的灵感，也应该将传统继续延续下去并赋予其新的生命。在人类漫长的历史中，出现过许多典型的历史服饰。原始社会人类使用兽皮制作服饰；文艺复兴时期服饰面料又得到了较大的发展；再到后来使用较多的用于填充式的服饰面料及洛可可时期繁复华丽的服饰面料风格；最后到新古典主义时期宁静精致的服饰面料风格，已有的服饰类型和风格样式都是我们灵感的宝贵来源。

不同时期、民族、风格的服饰中出现的艺术面料体现了不同地域、不同文化底蕴与内涵，也体现了不同审美及制作工艺。已有的传统历史艺术面料具有很强的辨识度，也是相对稳定的具有代表性的文化符号。我们可以从历史中获取很多的经验和素材，为了能够更好地再造出优秀的艺术面料，也必须了解其特定历史时期背后的文化背景。

中国有我们引以为傲的刺绣文化，作为我国的传统手工艺，至少有着两三千年的历史。刺绣的手法分为很多种，有彩绣、缎带绣、珠绣、绳绣等。除了刺绣，还有镶嵌、缝补、百褶、结艺术、扎染等，这些传统工艺为现代的服饰艺术面料再造提供了扎实的基础与技术支持，可谓经久不衰。(图3－9至图3－11)。

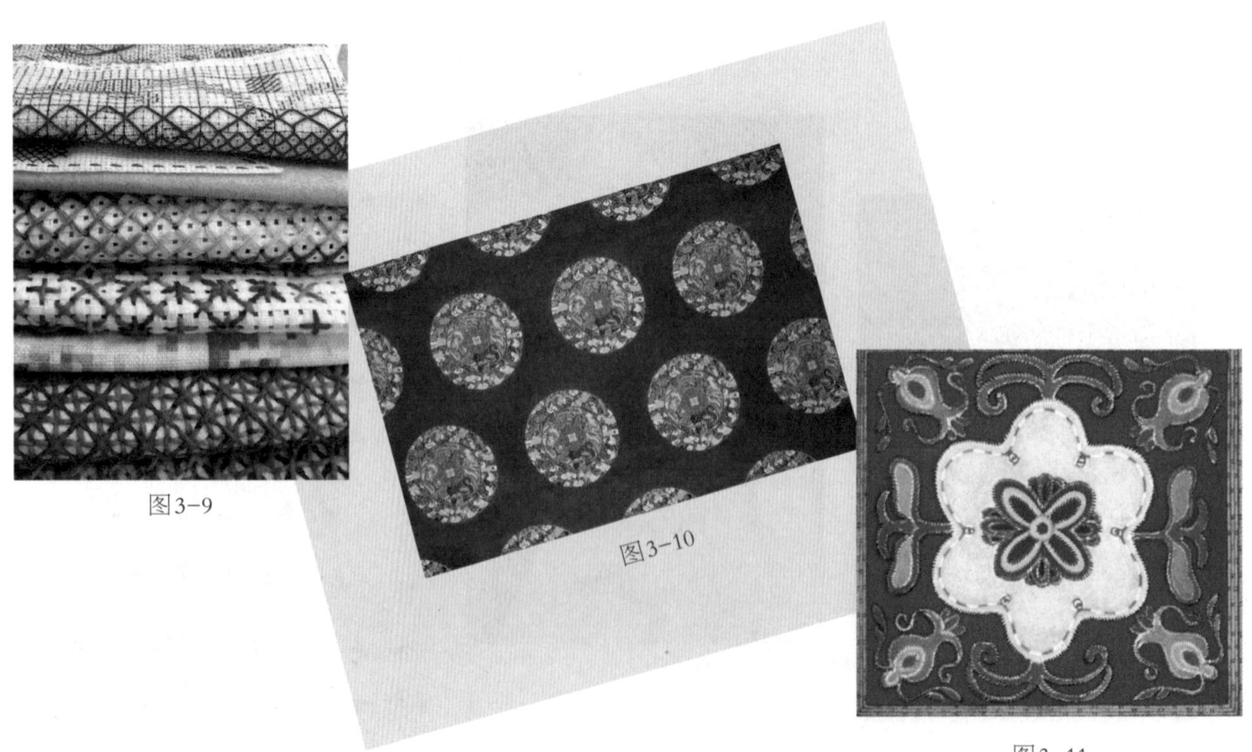

图3-9

图3-10

图3-11

不同于中国人侧重于面料的质感、色彩和纹样，讲究“寓意”，西方人更加强调造型的美和层次，以及结构上的空间感。这一点也体现在艺术面料再造的设计中。西方也有传统的面料处理的手法和工艺，例如打结、褶皱、镂空、镶嵌等。（图3－12、图3－13）

随着人类科技的发展，各个国家与各个民族之间的交流与融合，也体现在服饰上，各种文化都有相互碰撞、相互借鉴与渗透的地方。流苏、蕾丝等西方传统的艺术面料也为我国设计师所用，而中国传统的扎染等工艺也受到国外面料设计师们的追捧与偏爱。（图3－14、图3－15）

图3－12

图3－13

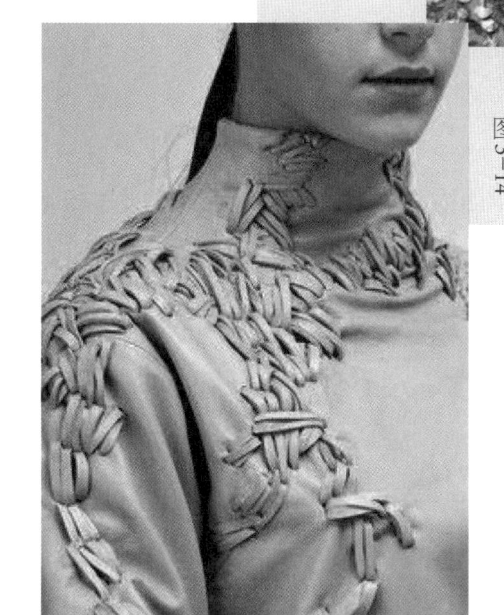

图3－14

图3－15

四、其他艺术形式的灵感信息

除了以上所述的灵感信息来源以外，还有很多其他的艺术形式也是灵感的源泉。服饰艺术面料再造和其他的艺术设计一样，都不是独立存在的，所有的艺术形式都能相互融合及渗透而衍生出更好的作品。例如：摄影、雕塑、建筑、装饰、绘画、音乐、喜剧、舞蹈、电影等，无论从哪个方面、哪个角度，这些艺术形式之间都是可以互相影响、互相借鉴的。

绘画或摄影一般都是平面的，这种艺术与时尚、服饰的联系一直都很密切。服饰能赋予平面艺术新的生命，而绘画与摄影的素材能提高服饰的魅力及艺术内涵。西方有古典绘画，各个时期有不同的绘画风格；中国有国画、白描写意等。（图3－16至图3－18）

图3—16

图3—18

图3—17

常见的也有将建筑设计中的色块、结构运用到服饰面料的组合上的方式，像哥特时期的建筑与服饰都有强烈的统一感与时代感。（图3－19、图3－20）

现如今有越来越多艺术与服饰结合的例子，很多服饰服装的出现也不再是单纯为了人类所着装或者佩戴，而是以雕塑品或装置艺术的形式出现在人们的视野中。

五、科技新材料的灵感信息

随着科学技术的进步，新的科技研究也为新型的艺术面料再造提供了新的设计灵感及技术支持。服饰面料的外观上也增添了新的元素，数字化社会新型材料也更加强调视觉上的交错感和层次感（图3－21）。科技的快速发展也影响着艺术与服装流行趋势的发展，一批新的材料涌现出来：有味道的，能发光的，能调节体温的，能根据温度变换色彩的，等等。

图3—20

图3—19

图3—21

第二节　服饰艺术面料再造的流行趋势预测

一、原始与自然

自然对于人类文化来说是一个永恒的主题，且始终贯穿着艺术与设计活动的全部过程。自然给人们带来神奇的造型和肌理，为设计师提供了无限的创造源泉。缓慢并不意味着浪费光阴，人们越来越追求平和的心态与放松的生活节奏，也越来越重视原始的感受。不完美的质朴的原始感再次被强调在新的服饰艺术面料再造的设计中。运用面料所呈现出的自然质感，经过精致而刻意的堆积、重复等叠加的方式而再造的面料深得设计师们的青睐。注重通过纱线、组织、整理的合理搭配提高织物的品质，改善内在舒适度，旧质感且具有亲和力的外观风格也体现了人们对质朴美好生活的追忆（图3－22至图3－25）。天然服装面料纤维仍然是服装面料的主要纤维，但其种植过程中大量使用农药除草剂、化肥

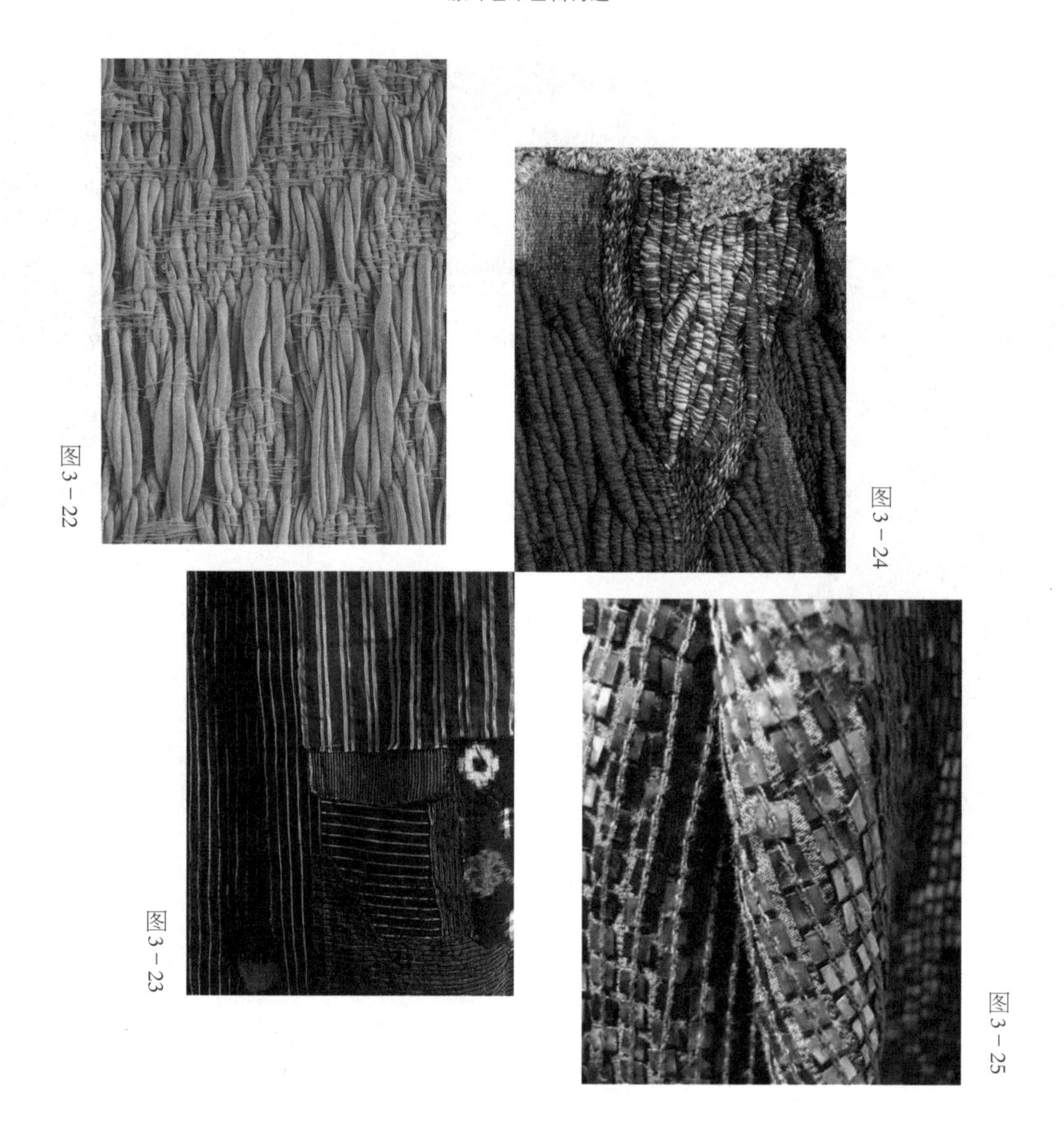
图3－22 图3－24 图3－23 图3－25

等，会引起损害环境和人类健康的问题。棉纤维的高科技性主要应用在对产品的基因研究上，如将从天然细菌芽孢杆菌变种中取出的基因植入棉株中，使转变基因后的棉株不再有虫害。在棉株中植入不同颜色的基因，使棉桃在生长过程中具有不同的颜色，成为天然彩色棉，避免了印染对环境的污染，也杜绝了面料上的染料及残留化学品对人体皮肤造成的伤害。麻纤维在种植期间无须杀虫剂和肥料，且具有抗霉抑菌、防臭防腐、坚牢耐用的特点，服用性能良好，麻纤维将是新世纪所需的绿色环保材料。

面对经济与环境的诸多不确定风险，人们正在不断滤除浮躁、消极的心态，取而代之以更平和而不失活力的信仰和态度。除了考虑服装的造型与款式以外，人们更加注重面料是否舒适、是否环保，环保艺术与慢生活的态度得到更多人的赞许与崇尚。有着新技术的支持，带着自然与环保的美好想法，新型的节能环保面料与材料也在不断的更新与发展中（图3－26、图3－27）。国际市场上已有“绿色纺织品”的兴起风潮，一般都具有防臭、抗菌、消炎、抗紫外线、抗辐射、增湿等多种功能。这种类型的面料在我国市场上与制作上也已经得到了相应的发展，正在逐渐扩大使用的面积。服装面料化学纤维正在往减少固体污染物和可回收利用以及可降解性、燃烧不产生有毒气体的方向发展，向无害化和环保发展。例如欧洲开发的绿色纤维Tenecel纤维，生产过程清洁无毒，其废弃物可生物降解，具有良好的环保性能。

图3—26

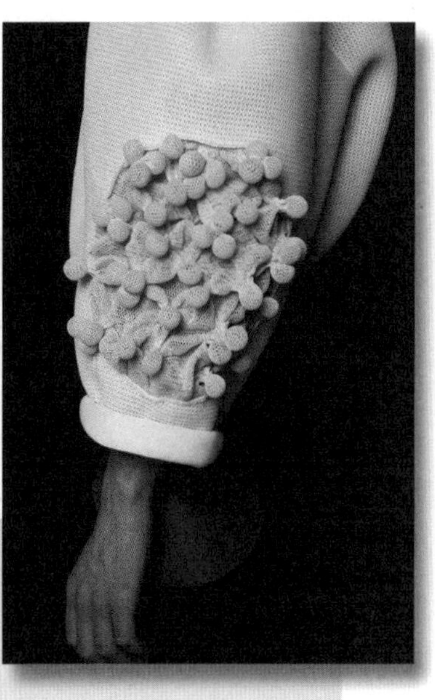

图3—27

二、变化与冲撞

我们身处的世界每时每刻都在发生着微小或者强烈的变化。时尚与科技的融合，移动互联网的迅速发展，社交网络的崛起，使得我们日常的生活方式和行为模式的变化都很多，也呈现出多元化。服装艺术面料也呈多样化，强烈的色彩碰撞及梦幻的图案在服装市场中出现得越来越频繁，新型的科技与都市感强烈地冲击着面料艺术设计。除此之外，随着运动与健身热潮来袭，新型面料被更多地运用到运动与街头风的服饰设计中（图3－28至图3－30）。现代服饰设计也越来越强调立体感，更多容易造型且挺括、立体的服饰艺术面料涌现出来。服饰艺术面料再造的设计师们也越来越喜欢将各种一般联系不到一起的材质、元素等结合在一起，创造出新的组合面料。（图3－31、图3－32）

图3—28

图3—29

图3—30

图3—31

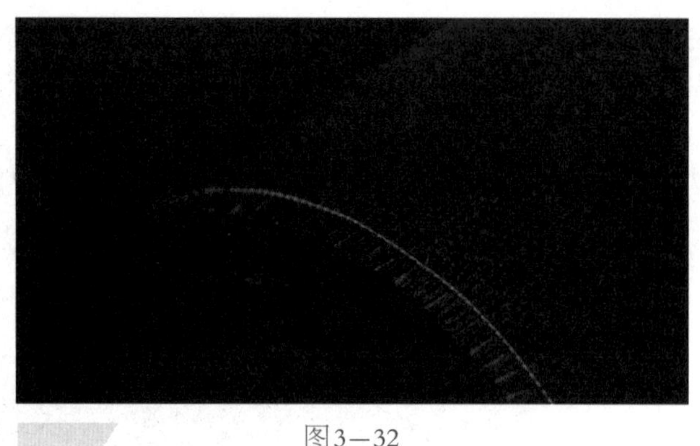
图3—32

三、功能与智能

前文中提到的现代生活更讲究服装面料的实用性，科技的发展给我们带来的更多的新型面料都是为了在保证美观的条件下，增强人类的舒适感且能具有更多的功能与作用。新型的面料纤维得到了大力的开发与应用。各种具体的面料纤维具有以下特征以及功能：抗菌防臭纤维可抑制细菌和真菌的生长，消除尘螨对人引起的不适和哮喘。防紫外线纤维可有效地减少阳光的紫外线对人的伤害。远红外纤维借陶瓷粉末在常温下吸收人体及周围环境散发的热量产生远外线，辐射到人体皮下组织，产生的热效应可以促进人体细胞新陈代谢。利用微胶囊技术，将多种具有医用疗效的物质通过印染、整理等方式固定在纤维中，使穿着者在穿用过程中随着保健物质的慢慢释放，享受到长期辅助治疗的作用。智能化调温纤维可根据周围环境的温湿度吸收热量来调节微环境温度。超稳定形状记忆纤维制作成的面料可永久保形、免烫。变色纤维做成的服装艺术面料，可以根据外部刺激能量的变化而呈现出不同的色彩。生物防御纤维具有认识和分离物质的功能。不锈钢纤维具有永久的防静电和抗菌功能，当不锈钢含量达到25%以上时，就有雷达可探性能，因此可以运用在野外、海上等运动和作业环境应用型的服装面料上。活性炭纤维能吸收气味，可用于制作防化兵和医务工作者以及化工人员的防护服的设计当中，用碳纤维和Kevlar纤维混纺制成的防护服，能短时间进入火焰并且对人体有充分的保护作用。

四、传统与创新

传统工艺的运用可谓经久不衰。跨越不同的地域文化与民族风情，集结历史精髓与现代思维，用勇气和诗意将时间和空间链接起来，创造新的奇迹。中国传统文化的精髓越来越得到人们的关注与重视，也正以更具现代感的方式在加以表达、展现和传播。现代我国更多的非物质文化遗产得到了更好的保护与传承，有很多非物质文化遗产保护中心建立起来，其中有很多都涉及服装艺术面料的制作与工艺。例如蓝花布印染技术及土家织锦等。这些传统的工艺也逐渐被现代服装面料设计师加以传承、延续，通过现代的艺术手法重新赋予其新的生命。

在欧洲也是一样，欧洲的服装发展较早，面料也具有其独特的工艺与外观造型。例如具有百年历史的意大利服装时尚品牌Ermenegildo Zegna（后文译为“杰尼亚”），始终秉承着传统且不断探索与创新的精神而研发了Pelle Tessuta这种独特的面料（图3－33）。这种面料用极细的小羊皮皮带制作的编织皮革，为皮革配饰设计和制作带来了革新。杰尼亚新一季的服装系列中，Pelle Tessuta面料被大量应用于经典乐福鞋、现代潮流的运动鞋以及手提旅行袋、公文包和腰带等其他男士单品的设计中。杰尼亚开创了皮革编织面料的风潮，舒适、珍贵又独具奢华质感，成为编织皮革“面料”的先锋。

创新还体现于现代艺术面料设计的风格上，多元化的趋势也势不可挡。设计组合再也不是单纯的罗列，而是犹如发生化学反应般的奇特再造，强调不同元素碰撞后呈现出独特的惊艳效果。(图3－34、图3－35)

图3—33

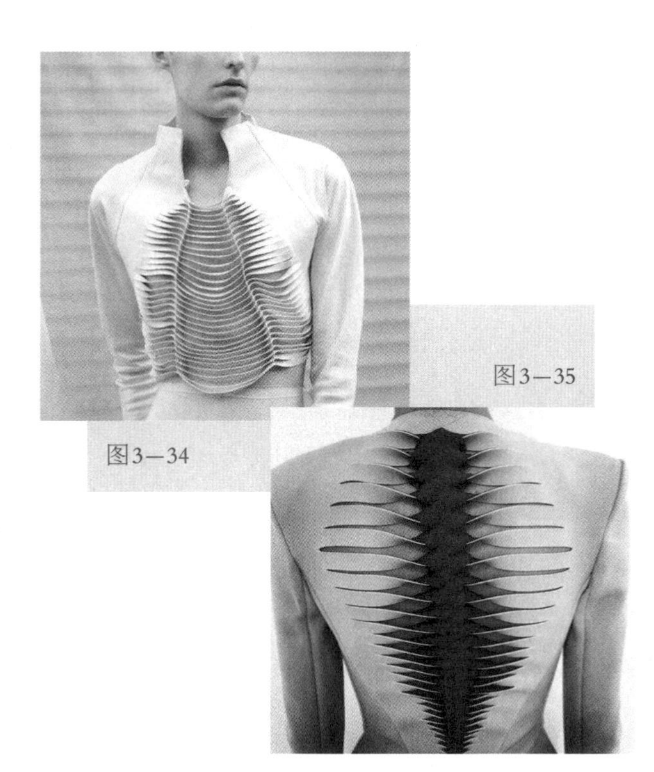

图3—34

图3—35

◆ **思考：**

1. 服饰艺术面料再造的灵感主题与来源有哪些?

2. 请对服饰艺术面料再造的流行趋势进行预测。

◆ **练习：** 对服饰艺术面料再造的流行趋势进行预测并对自己的观点进行举例说明。(准备500字的报告并进行小组讨论)

第四章　服饰艺术面料再造的要素

学习要点

通过对服饰艺术面料再造设计程序的阐述，学生可充分认识到服装艺术面料再造的设计原则以及美学法则，充分掌握服饰艺术面料再造的各种构成形式，掌握服饰艺术面料再造设计在服装上的运用方法。

学习目标

1. 使学生充分了解服饰艺术面料再造的设计程序与表达方式。
2. 使学生准确把握服饰艺术面料再造的设计原则与美学法则。
3. 使学生准确深刻认识服饰艺术面料再造的构成形式。
4. 使学生清楚认识服饰艺术面料再造在服装上的运用方法。

核心概念

这里提到的服饰艺术面料再造的构成形式，既包括服饰艺术面料再造本身的构成形式，也包括服饰艺术面料再造在服装上的构成形式。其中，再造在服装上的构成形式通常表现出复杂的构成关系，是决定服饰艺术面料再造成功与否的关键。这里，按不同的布局类型，根据服饰艺术面料再造在服装上形成的块面大小，将其分为四种类型：点状构成、线状构成、面状构成、综合构成。

第一节　服饰艺术面料再造的构成要素

一、服饰艺术面料再造——点状构成

点状构成是指在服饰艺术面料再造中以局部小面积块面的形式出现在服饰上。一般来说，点状构成最大的特点是活泼。

点状构成的大小、明度、位置等都会对服装设计影响至深。通过改变点的形状、色彩、明度、位置、数量、排列，可产生强弱、节奏、均衡和协调等感受。在传统的视觉心理习惯中，小的点状构成，造成视觉力弱；点状构成变大，视觉力也增强。稍大的明显的点状构成的服饰艺术面料再造给人突出的感觉。从点的数量来看，单独一个点状构成起到表明位置、吸引人的注意力的作用，它容易成为人的视线中心，聚拢的点状构成容易使人的视线聚焦；而广布在服装面料上的点状构成会分离人的视线，形成一定的动感。图4－1至图4－4所示均为以密集的小点排列组合形成疏密关系，具有一定层次感。图4－5至图4－11所示为点的整齐排列，具有一定的节奏和韵律感。

图4—1

图4—2

图4—3

图4—4

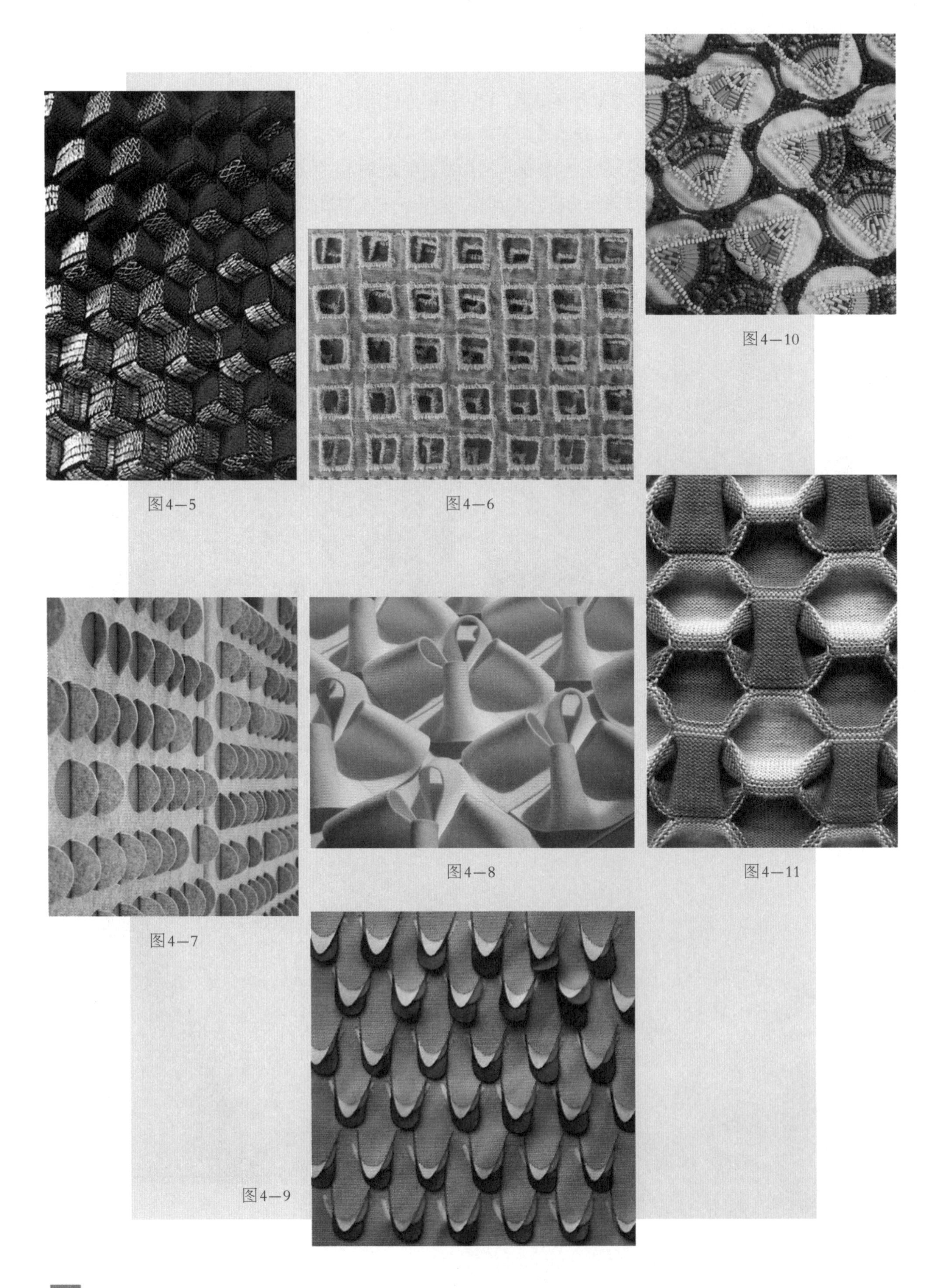

图4—5

图4—6

图4—10

图4—7

图4—8

图4—11

图4—9

点的组合起到平衡、协调、统一整体的作用。由多个不同的点状构成形成的服饰艺术面料再造存在于同一服装设计中，它们之间的微妙变化，很容易改变人的心理感受。常规来讲，大小不同的点状构成同时出现在服装上，大的点易形成视觉的主导，小的点起到陪衬作用。但由于不同的位置变化或色彩配合，可由主从关系变化为并列关系，甚至发生根本变化。在进行设计时，首先要明确设计要表现的点在哪里。无论是要表现主从关系，还是等同关系，都需要建立起一种彼此呼应或相对平衡的关系。图4－12至图4－17所示的点排列的疏密变化、大小变化体现了服装的层次感和动感。

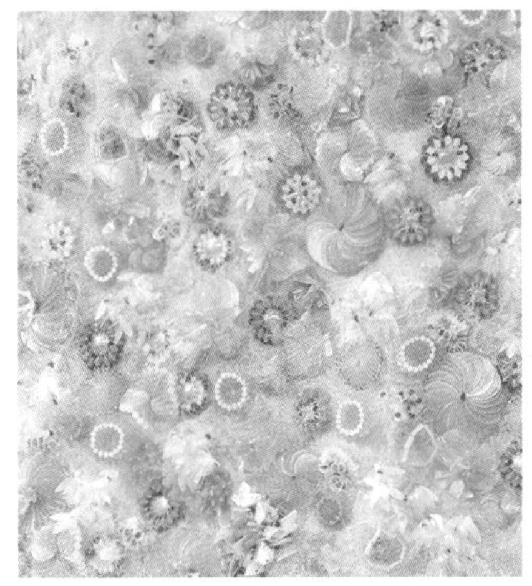

图4—12

图4—13

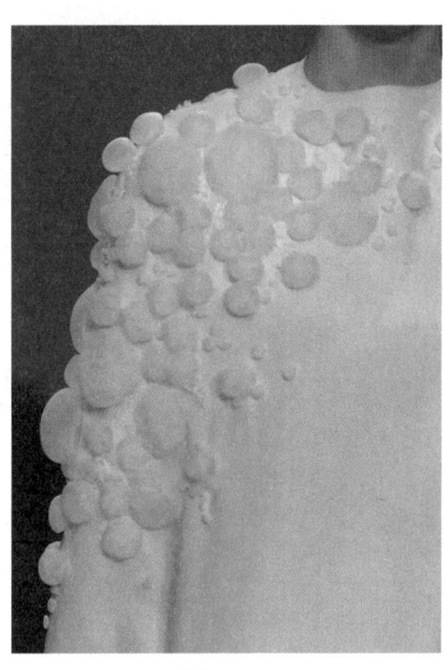

图4—14

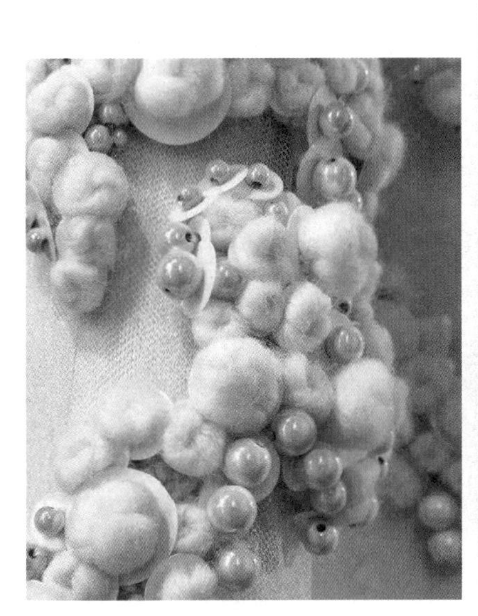

图4—17

图4—16

图4—15

在所有的构成形式中，点状构成最灵活，变化性也最强。在服装的关键部位（如颈、肩、下摆等）才用点状构成，可以起到定位的作用。根据设计所要表达的信息，安排和调整点状构成，使其形式、色彩、风格、造型与服装整体相一致。运用点状构成可以造就别致、个性的艺术效果，但在设计中，要适度运用点。点状构成是最基本的设计构成形式。当一系列的点状构成有序排列，会形成线状构成或面状构成的视觉效果。图4－18至图4－22所示为通过珠片材料点的形态，来体现点的灵活构成；图4－23、图4－24所示为通过面料本身的特性加工处理成点的形态；图4－25、图4－26所示为点在服装面料中的整体运用。

图4—18

图4—19

图4—20

图4—21

图4—22

图4－23

图4－24

图4－25

图4－26

二、服饰艺术面料再造——线状构成

线状构成是指面料艺术再造以局部细长形式呈现于服装之上。线状构成具有很强的长度感、动感和方向性，因此具有丰富表现力和勾勒轮廓的作用。（图4－27至图4－30）

线状构成的表现形式有直线、曲线、折线和虚实线。直线是所有线中最简单、最有规律的基本形态，它又包含水平线、垂直线和斜线。服装上的水平线带有稳重和力量感；垂直线常用于表现修长感的部位，如裤子和裙子上；斜线可表现方向和动感；曲线令人联想到女性的柔美与多情，多用在女装上衣和裙子下摆，容易带给人随意、多变之感；折线则体现着多变和不安定的情绪。图4－31至图4－33所示为Eloshi 2017—2018秋冬发布会款式，具有较强的线条感，简洁，具有稳重和力量感，服装的款式结构也表现清晰。如图4－34、图4－35所示的Lako Bukia 2017—2018秋冬发布会款式将中国的水墨画以线条的形式呈现出服装的灵动感和多变性，也使服装更具有女性的柔美与多情。

图4—27

图4－28

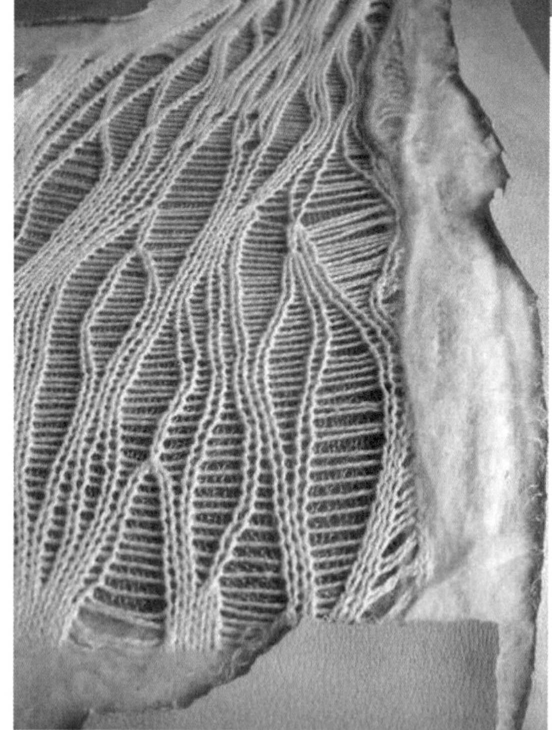

图4—30

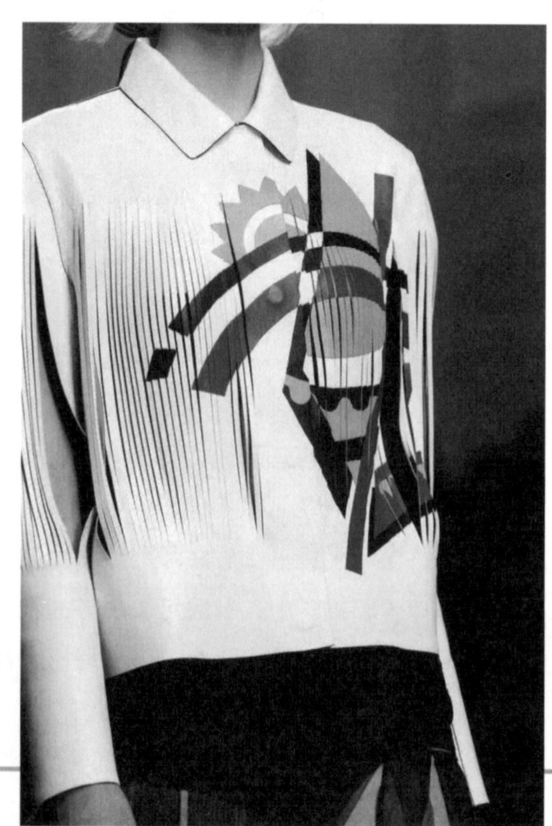

图4－29

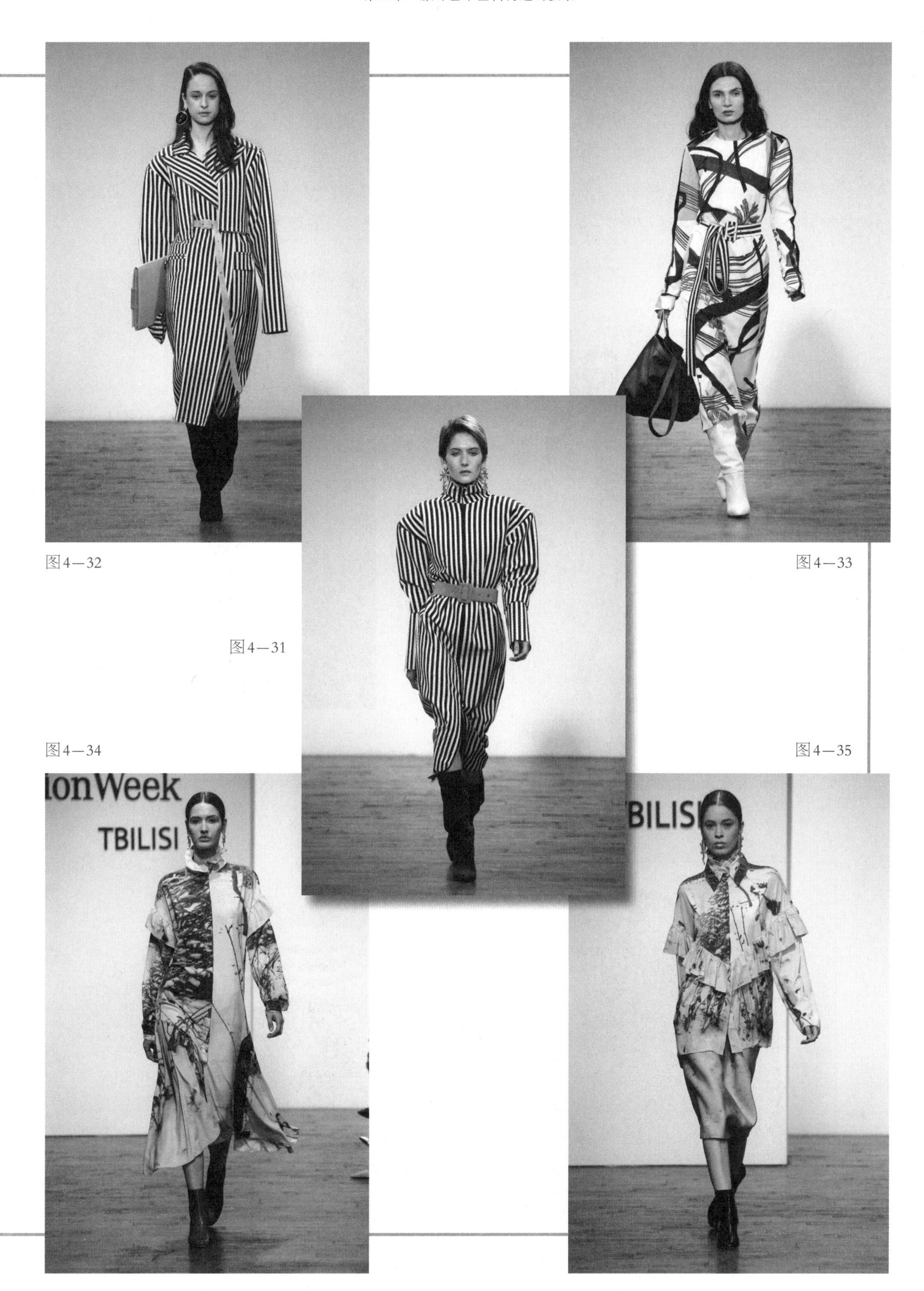

图4—32

图4—33

图4—31

图4—34

图4—35

线状构成容易引起人们的视线随之移动。沿服装中心线分布的线状面料再造在引导人的视线方面起着至关重要的作用。在服装边缘采用线状构成的面料艺术再造是服装设计中很常见的服饰手法，如在服装的领部、前襟、下摆、袖口、裤缝、裙边等边缘上的面料艺术再造可以很好地展现服装“形”的特征。结合线状构成明确的方向性，可以制造丰富多变的艺术效果。同时，线状构成的数量和宽度影响着人的视觉感受。在面料艺术再造时，利用线状构成的这些特点，结合设计所要表达的意图，可以进行适当的或夸张的表现。图4－36至图4－44所示为线状面料再造在服装中的运用。

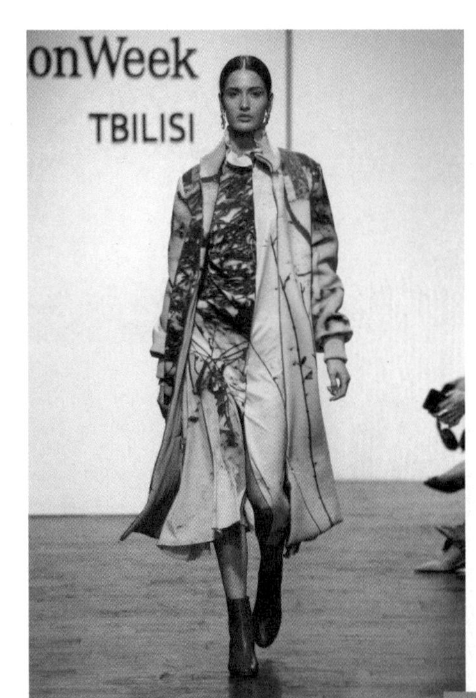

图4－36

图4－37

图4－38

图4－39

图4—40

图4—42

图4—41

图4—43

图4—44

在所有构成类型中，线状构成的服饰艺术面料再造最容易契合服装的款式造型结构。同时，线状构成有强化空间形态的划分和界定的作用。运用线状构成对服装进行不同的分割处理，会增加面的内容，形成富有变化、生动的艺术效果，值得说明的是，运用线状构成对服装进行分割时，要注意比例关系的美感。图4－45至图4－59所示为线性材料组织的线性面料。

图4—45

图4—46

图4—47

图4—48

图4—49

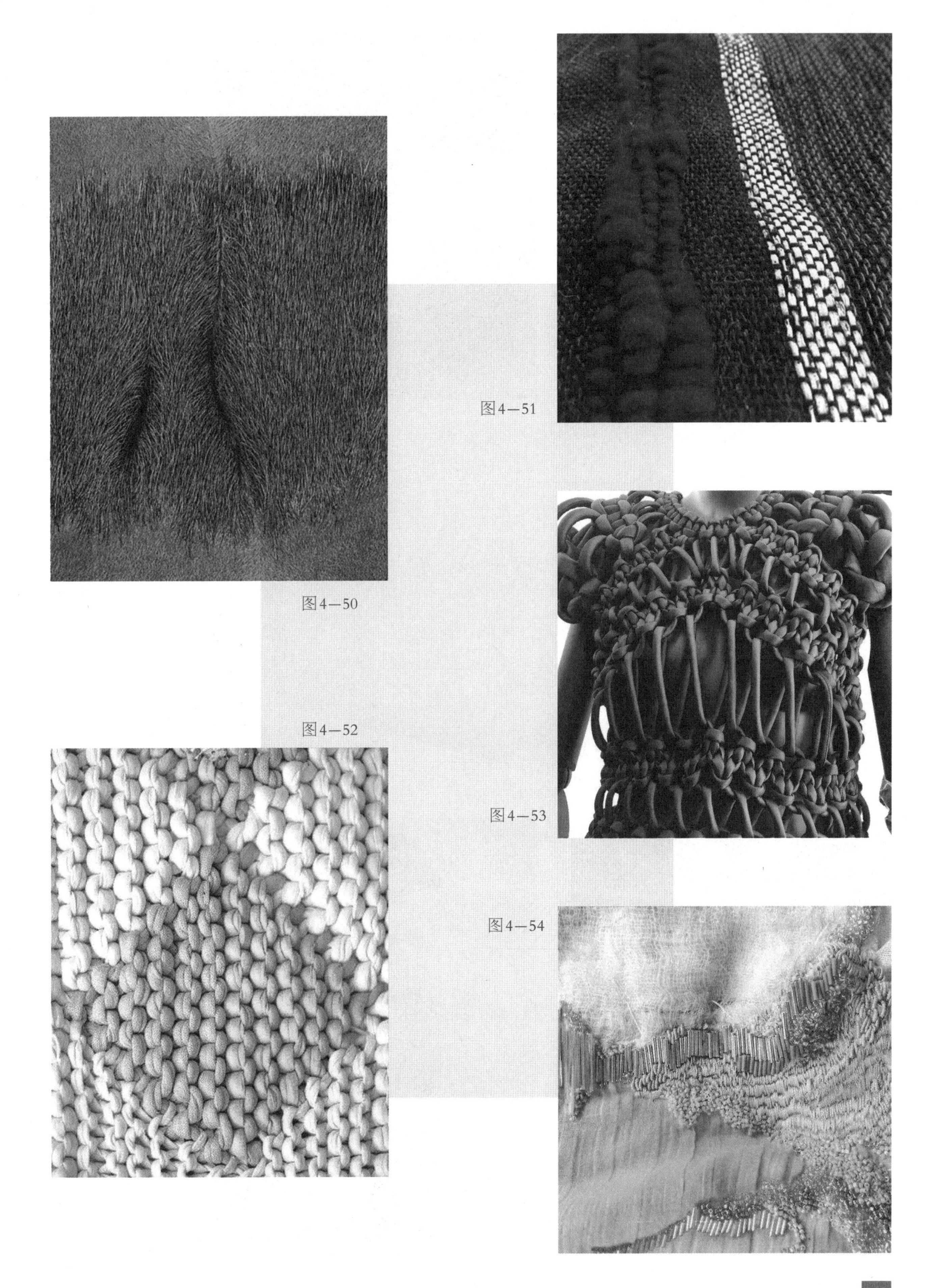

图4—51

图4—50

图4—52

图4—53

图4—54

图4—55

图4—56

图4—57

图4—59

图4—58

三、服饰艺术面料再造——面状构成

面状构成是指服饰艺术面料再造大面积运用在服装上的一种形式。它是点状构成的聚合与扩张，也是线状构成的延展。图4－60、图4－61所示为密集的线编织在一起形成面，是面状构成在服饰艺术面料再造中的运用。在服装设计中，面状构成通常会给人“最”的心理感受，具有极强的幅度感和张力感，这一点使之区别于前两种构成形式，因而它与服装的结构紧密结合在一起，其风格很大程度上决定了服装本身的风格。所以在进行服饰艺术面料再造时，面状构成从形式、构图到实现方法的运用都需要更细致的考虑，使它与服装款式、风格相协调。

图4—60

图4－61

面状构成的形式主要包括几何形和自由形两种。前者具有很强的现代感，后者令人感到轻松自然，传统的扎皱服装常采用后种形式。无论采用哪一种构成，都要注意面的“虚实”关系，再进行“虚面”的形式美感，以免因为“虚形”而影响了设计初衷的表达。如图4－62至图4－69所示，面的虚实关系、对比关系、松紧关系都体现了服装的体感、量感和结构性。

相比前两种构成，面状构成更易于表现时装的性格特点，如个性、前卫或华贵，其视觉冲击力较强。在服装上进行面状构成的服饰艺术面料再造时，可运用一种或多种表现手法，但要注意彼此的融合和协调，以避免视觉上的冲突。如图4－70至图4－77所示，面料的再造具有较强的体积感和视觉冲击力，使服装更加整体和协调。如图4－78至图4－81所示，面的体感突出了服装的个性化。

图4—62

图4—63

图4—65

图4—64

图4—66

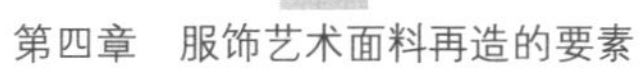

图4—69

图4—68

图4—67

图4—70

图4—71

图4—72

图4—73

图4—74

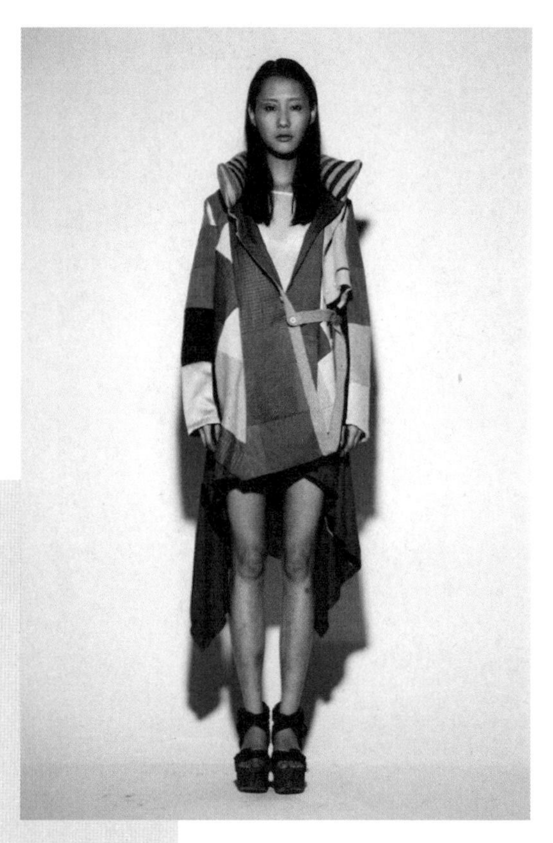

图4—75

图4—77

图4—76

图4—78

图4—79

图4—80

图4—81

四、服饰艺术面料再造——综合构成

综合构成是将上述各类型的构成综合应用，形成服饰艺术面料再造的一种形式。多种构成形式的运用可以使服装展现出更为多变、丰富的艺术效果。点状构成与线状构成同时被运用于服饰艺术面料再造中，会令服装在呈现点状构成的活泼和明快的同时，兼有线状构成的精巧与雅致。

值得注意的是，服装一旦被穿在人体上，展现出来的是一个具有三维空间的体例，因此在设计时，需要进行多角度的表现和考虑，而不应只满足表现正面的艺术感染力，还应注意后侧面的综合构成，相互协调，以达到整体的美感。同时也要特别注意服饰艺术面料再造之间及其与服装之间的主从、对比关系的处理。图4－82至图4－89所示为点、线、面状综合运用。

图4—82

图4—83

图4—84

图4—85

图4—86

图4—87

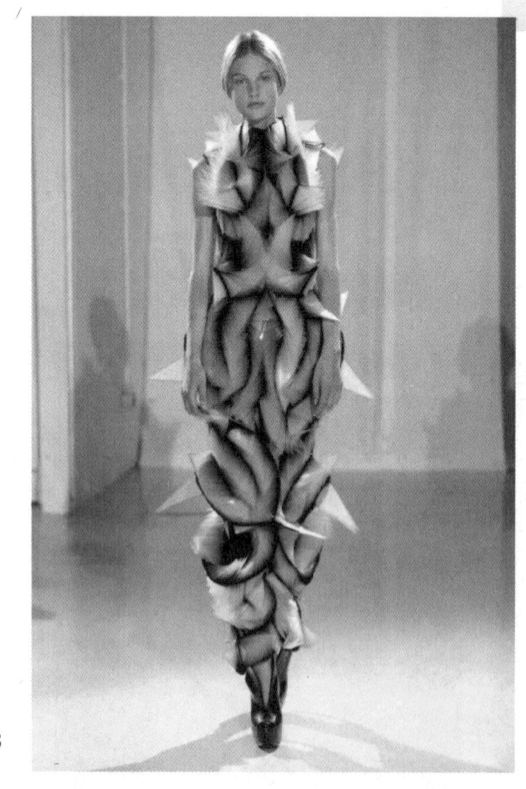
图4—88

图4—89

第二节　服饰艺术面料再造的设计要素

一、服饰艺术面料再造的色彩

服装设计离不开色彩。通常来讲，色彩有“无声夺人”的作用，色彩在服装上具有特殊的表现力。进行服饰艺术面料再造时，要依托服装的色彩基调。影响色彩基调选择的因素有服装的表现意图、着装者的个人情况和流行色的影响等，因此运用时，要以面料艺术再造进行色彩点缀、强调和调和，以便做到服装整体色彩的统一与和谐。图4－90至图4－92所示为面料色彩的对比、同色系的搭配。

图4—90

图4—91

图4—92

色彩的调和包括色彩性格的调和与色彩面积比例的调和。一般来说，色彩性格相近的颜色比较容易调和。如强烈的红色、黑色、白色相调和，可以产生鲜明、夺目的视觉效果；而柔弱的灰色系则能够表现柔和、优美的感觉。色彩面积比例的关系直接影响配色的调和是否成功，特别是在服装色彩调和中，掌握面积比例的尺度是色彩搭配的关键。面积相等的两块色彩搭配会产生离心效果，有不调和之感。把面积比为1∶1的红、绿两块互补色搭配会产生分离的感觉，而面积比为1∶3的同样两块颜色，就会有从属的感觉，可以融合在一起。在实际的服装色彩搭配中，通常使色彩面积比例达到2∶3、3∶5或5∶8，以此对比，易产生调和美。图4－93至图4－96所示为面料色彩的搭配。

图4—93

图4—95

图4—94

图4—96

色彩的强调是指，在服装色彩搭配过程中突出某部分的颜色，以弥补整体色彩过于平淡的感觉，将人们的视线引导向某个特定部位，从而起到强调色彩的作用。

通常来说，选定一种色相后，可以对其不同色阶从深到浅或从浅到深进行过渡，从而构成渐变的格式。也可以选用两种同一色相的色彩，在微弱的对比中形成明快的设计风格。如果选用不同色相的色彩，形成大的对比与反差，要在面积上考虑大小的主辅关系，在色相上考虑冷暖的依存关系，在明度上考虑明暗的对比关系，在纯度上考虑差异的递进关系，以此来取得变化统一的美感。

不同面料的特性可以改变人们的视觉感受。一般而言，质地光滑、组织细密、折光性较强的面料，呈色会显得明度较高，纯度较强，有艳丽鲜亮之感，而且色彩倾向会随光照的变化而变化；而质地粗糙、组织疏松、折光性较弱或不折光的面料色彩，则相对沉稳，视觉效果的明度、纯度接近本色或偏低，有淳厚朴素、凝重或暗淡之感。所以，在进行服饰艺术面料再造配色时都要将这些考虑进去。

服饰艺术面料再造不但要求本身的形与色要完美结合，还应考虑服饰艺术面料再造与服装整体在色彩上的协调统一。图4－97、图4－98所示为面料色块的搭配运用；图4－99所示为高明度色彩的运用；图4－100、图4－101所示为大面积色块的运用；图4－102所示为面料的类似色的运用。

图4—97

图4—98

图4—99

图4—100

图4—101

图4—102

二、服饰艺术面料再造的造型

在服装的造型上进行服饰艺术面料再造可以起到画龙点睛的作用，也能更加鲜明地体现出整个服装的个性特点，服饰艺术面料再造造型包括边缘部位和中心部位。值得注意的是，同一种服饰艺术面料再造运用在服装的不同部位会有不同的效果。

面料再造设计应注重与服装款型的和谐统一。对现有面料进行外观形态上的开发和创新，设计者可以灵活运用现代艺术中空间、抽象、变形、夸张等的概念。例如："服装界哲人"三宅一生，他利用机器将涤纶面料压成褶皱，用褶皱来表现人体曲线或服装造型，改变了高级成衣一向平整光洁的定式，以各种各样的材料（如日本宣纸、白棉布、针织棉布、针织亚麻等）创造出各种特别的肌理效果。其褶皱成为服装设计的一种先创，被誉为"三宅一生褶"。（图4－103、图4－104）

图4—103

图4—104

因为受到建筑和雕塑艺术的影响，现今流行的许多立体服装面料，其服装造型中所追求的立体效果除了可以通过结构设计来完成，还可以通过改变面料的表面肌理形态来实现，如褶皱、褶裥、抽缩、凹凸、堆积等。可针对整体面料进行这种改造，也可以在局部进行，使平面面料呈现多种造型形态，成形后的服装更具浮雕效果和立体感。

面料的立体造型能使服装具有动态、夸张的审美特点。例如针对夸张的肩部效果，有些服装采用将面料压衬定形，强调Y型的服装外轮廓形；有的则在肩部采用了立体肌理和吊染的再造手法，突出和强调了肩部别致而富有现代感的造型特点；还有的服装更是大胆地利用扎结的手法改变面料肌理，实现面料本身的立体效果以达到夸张肩部的目的，使服装造型更具视觉冲击力。

1. 边缘部位

边缘部位是指服装的襟边、领口、袖口、口袋边、裤脚口、裤侧缝、肩线、下摆线等。在这些部位进行服装面料艺术再造可以起到增强服装轮廓感的作用，通常以不同宽窄、比例的线状构成，或以二方连续的形式来表现（反复出现的褶线、连续的点以及二方连续的纹样等）。具体运用在服装局部时表现为：连续褶、大波浪的面料艺术造型强调了领口和袖口；运用刺绣的艺术再造手法装饰服装的边缘部分，产生精致、典雅的效果。

2. 中心部位

中心部位主要是指服装边缘之内的部位，如胸部、腰部、腹部、背部、底摆等。这些服装部位采用服饰艺术面料再造，更能凸显服装和穿着者的独特魅力。在服装的胸部运用立体感强的服饰艺术面料再造，会具有非常强烈的直观性，很容易形成鲜明的个性特点。一件衣服，通常领部和前襟最引人注目，如果前胸部位采用褶裥、珠绣、贴花等艺术再造的手法，会得到与众不同的视觉美感。服装背部的装饰比较适合采用平面效果的服饰艺术面料再造。服饰艺术面料再造在运用时，还可以将领部与前襟、腰部、胸部连在一起，或与领部、肩部做呼应处理。（图 4 – 105、图 4–106）

图4—105

图4—106

◆ **思考：**

1. 举例说明，不同造型的服装在进行服饰艺术面料再造时应如何掌握点、线、面的设计原则？
2. 服饰艺术面料再造的部位对服装整体设计的影响？

◆ **练习：**

制作以点、线、面为形态元素的面料各3个，尺寸：30cm×30cm。

第五章　服饰艺术面料再造的艺术法则

艺术法则也称为形式美法则，是事物要素组合构成的原理。服饰艺术面料再造属于艺术法则的范畴，它是服饰艺术面料再造要素进行组合构成的基本原理，所以无论是艺术设计还是服饰艺术面料再造，都需要遵循一般的艺术法则。

学习要点

本章节从服饰艺术面料再造设计的形式法则及处理方式入手，全面系统地阐述服饰艺术面料再造的设计方法和不同类别以及设计特点，采用图文案例的形式，突出其直观性与专业性，强调其实用性。

学习目标

1. 使学生掌握服饰艺术面料再造的形式法则。
2. 使学生掌握服饰艺术面料再造的处理方法。

核心概念

观察服饰艺术面料再造所走的路，虽然不长，也不是很系统，但随着科学技术的发展，服饰艺术面料再造呈现出新的理念，也碰撞出很多新的思维模式，更重要的是设计者在进行面料再造设计时全面遵循艺术形式美的规律与法则。通过分析典型作品，启发学生的创造性思维，并使设计者的设计能力有所提升。

第一节　服饰艺术面料再造的形式美原则

形式美是一种相对独立的审美对象，体现的是形式本身所包含的内容和某种意味，能单独呈现出形式自身所蕴含的意义。这种形式美是对具体事务进行联想，获得一种符合自身情感、心理等方面需求的那种意味，这种意味是它直接作用于人而获得的。形式美具有独立的审美特性，同时形式美的另一个重要构成部分是形式美原则，即形式美的感性自然属性——色、声、形等因素自身内容以及各因素之间的组合规律。现在，形式美原则是人类在创造美的过程中对形式美做出以下五种基本规律：对称与均衡、对比与调和、变化与统一、节奏与韵律、比例与尺度。

一、对称与均衡

对称是以一条线为中轴，形成左右或上下均等及在量上的均等，它是人类在长期实践活动中，通过自身对周围环境的观察而获得的，体现着事物自身结构的一种规律。均衡是一种对称的延伸，是事物的两部分在形体与布局上不相等，但双方在量上却大致相当，是一种不等形但等量的对称形式。均衡较对称更自由、富有变化，而对称则是显得机械刻板、过于稳重。如图5－1所示的对称立体装饰结构，色彩单纯，立体装饰体积同量，多次重复纵排列，使得效果恰到好处。如图5－2所示的剪裁，横向排列的几何形体，效果统一，配置的量与距离一次排开，给人一种对称的节奏。

图5-1　对称结构设计

图5-2　维果罗夫作品　对称结构设计

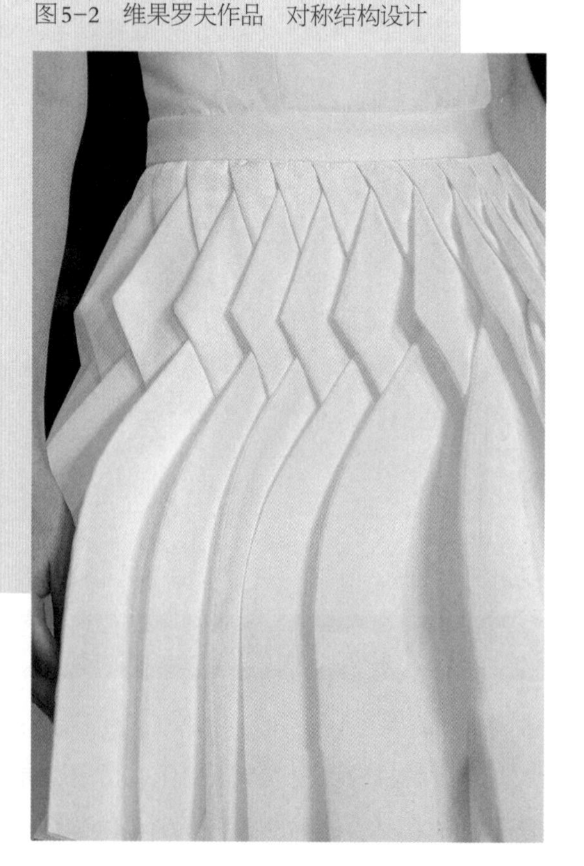

在服饰艺术面料再造设计中，对称可以采取上下、左右、前后、对角、边角、反角等方式来取得对称，主要是起到视觉焦点的绝对统一、位置统一、重量统一、形体统一，这种统一可以是二维平面的，也可以是三维立体的。当面料再造的设计在视觉上达到绝对的统一，给人一种相当稳定的感觉，于是均衡出现。在服饰艺术面料再造设计中，均衡可以采取量等形不等、不等量形等、形等量不等、不等形量等的手段进行自由组合搭配，来取得视觉心理上的均衡，求得内在的统一。其具体到设计中可以是不同图案的大小、组织结构的疏密、色彩的比重、装饰效果的呼应等，与均衡形式相比更加具有变化的统一，它有一定的变化，但不是绝对的统一，更符合面料再造设计的要求。轻薄的欧根纱面料，均衡的红色丝线缠绕在白色花瓣上，使得整体层次丰富，富于变化（图5－3）；两边填充的蝴蝶结装饰，在这里体现出均衡匀称，充满动感（图5－4）。

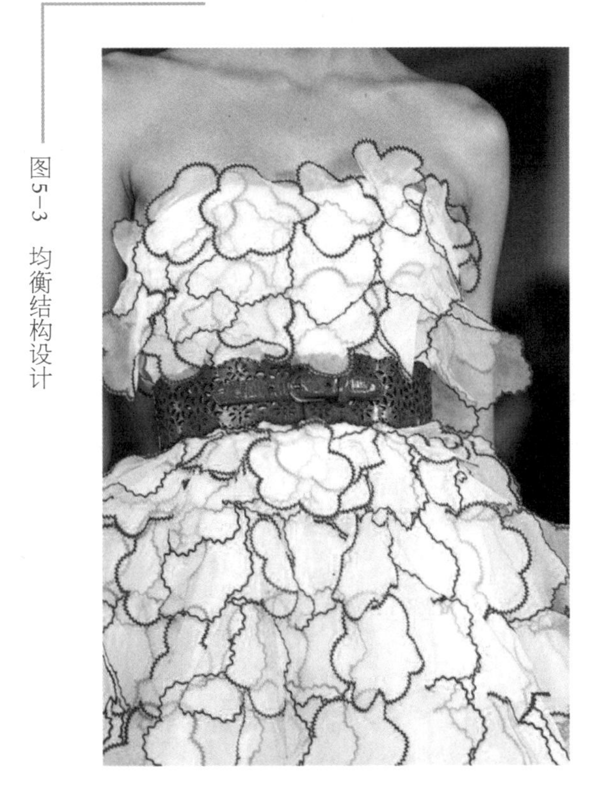

图5－3　均衡结构设计

图5－4　Gerlan Spring 2013 均衡的蝴蝶结装饰

二、对比与调和

对比是含有两个以上不同造型因素才能显示出来，是求得变化的最好方法，须依整体需要，可轻微，可显著，可简，可繁。调和是构成美的对象在内部关系中无论质和量都相辅相成，互为需要，其矛盾形成秩序的动态，是一种变化的美；在面料再造中是指形与形之间和色与色之间的关系趋于一致、和谐，形成有秩序、有条理、相互联系着、密切结合的统一体。调和出现趋于一致的关系，呈现出平静、稳当、单纯的感觉，但缺乏灵巧活泼感，故对比应运用变化的原理，用形象的差异性加以处理，使调和的形象有变化，形成对比调和，但对比不能过分脱离统一调和的原则，否则会使画面过于刺激，而失去统一。如图5-5所示的迈克尔·范德对比拼色服饰，将不同材质、不同颜色、不同形状的面料进行二次设计，面料上的反差形成强烈的服饰艺术面料再造形态。

在服饰艺术面料再造中，对比不仅能增强艺术感染力，也能鲜明地反映其主体。为了突出主体，对比有各种各样的方式，可以把它们归纳为形状的对比，比如大与小、高和矮、粗和细等；色彩的对比，比如明与暗、冷与暖、深与浅等；材质的对比，比如软与硬、厚与薄、凹凸与平整等；还可以将形状与色彩、形状与材质、色彩与材质等对比。进行面料艺术再造时，可以是单一的对比，也可同时运用各种对比，这种方法更加有趣动感，但须注意一定要能突出主体。如图 5－6 所示为 Threeasfour fall spring 2014 时装，浅蓝轻薄纱、金属质感PU材质、波点运用、机器的绣花，这些组合轻松地被设计师玩转于手中，手法处理到位，视觉效果强烈。

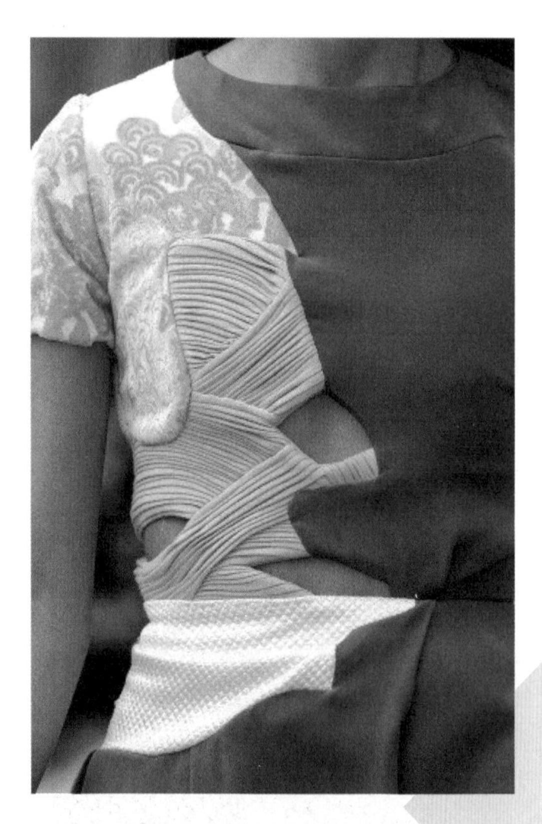

图5-5　迈克尔·范德对比拼色服饰

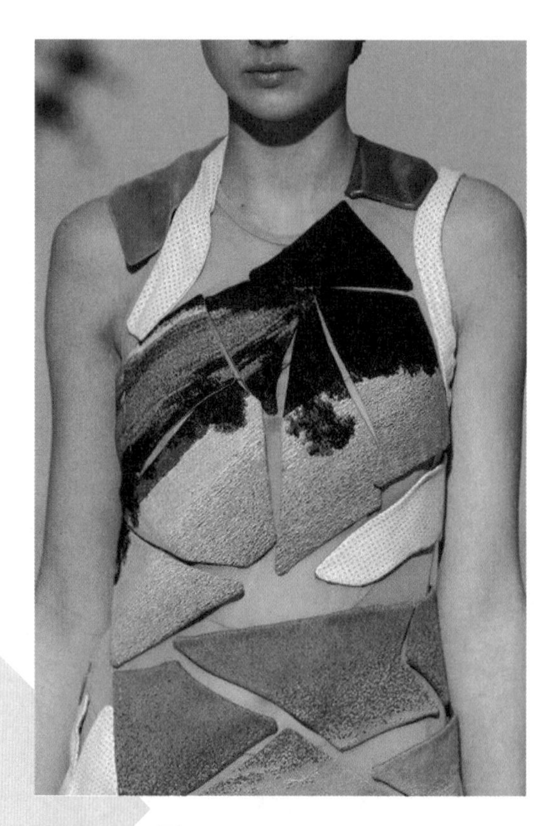

图5-6　Threeasfour fall spring 2014

调和在服饰艺术面料再造中，将相近但不同的事物进行调和，或相并列在一起，使其在统一的整体中呈现出差异。例如在服饰面料再造中可以将形状从一个平面过渡到另一个立面，可以从一个颜色过渡到另一个颜色，也能单纯地从色相、明度、纯度上进行过渡调和。无论什么颜色，只要与色彩的黑白灰融合，都能产生调和的效果。对比与调和的应用是复杂多样的，它们表达的主题与情感也是十分广泛的，我们只有真正理解它的内容，才能充分应用到面料再造中去，来发挥它的表现力与感染力。采用流线和组合面料进行两者之间的沟通，达到色彩上的调和，在视觉上既有冲击力又有一个平缓过渡（图5-7）；从胸前平面的贴片到肩部的立体蝴蝶应用，色彩既统一又有变化，这种过渡变形来的调和更容易在视觉上给人愉悦（图5-8）。

图5-7　色彩的调和

图5-8　色彩的调和与对比

三、变化与统一

变化与统一是形式美原则中最高、最重要的一条原则，也是自然和社会发展的根本法则。变化是指相异的各种要素组合在一起时形成了一种明显的对比和差异的视觉效果。变化具有多样性和动感，而差异和变化通过相互关联、呼应、衬托达到整体关系的协调，使相互间的对立从属于有秩序的关系之中，从而形成了统一。变化是一种设计的创造方法，它具有生命力和想象力，变化在服饰艺术面料中给人视觉上造成了不同的冲击力，能唤起不同的情绪刺激。图5－9所示为Krikor Jabotian Fall－winter 2014—2015时装，色彩统一，立体裁剪造型变化强烈，非常醒目；图5－10所示为Prada 2014春夏RTW时装，金属质感的外衣吊带、手绘人像运动面料、强烈的色彩，这些元素放在一起富于变化，但又存在一定差异。

统一是一种秩序的体现，是协调的关系，是将变化进行整体统一规划，将变化进行内在联系，呈现视觉上的统一，使形象之间、色彩之间密切有秩序地结合在一起。在服饰艺术面料再造中，既要追求造型的变化、色彩的变化、面料的变化，又要追求形式美的统一原则。在统一中追寻变化，在变化中追寻统一，并合理适度，才能使服饰艺术面料再造设计作品完整。如图5－11所示，两组不同的面料，一个平面一个立体，在色彩上实施统一原则。如图5－12所示，在肩部与腰部对花卉进行同色同材质应用，造成视觉上的统一。

图5-10　Prada 2014春夏RTW时装

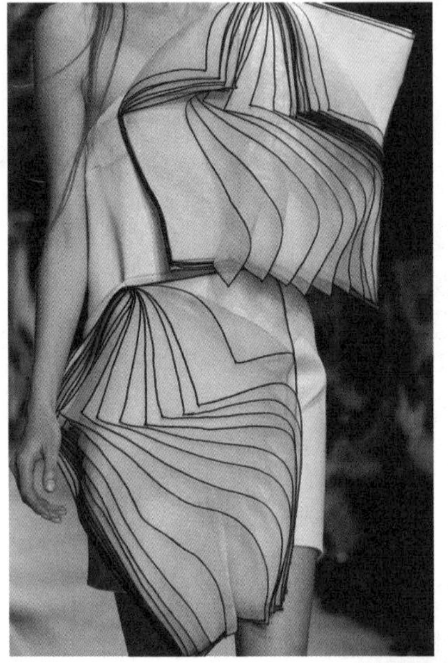

图5-11　Christopher Kane_Fall 2014 礼服成衣细节

图5-9　Krikor Jabotian
Fall-winter 2014—2015时装

图5-12

四、比例与尺度

比例与尺度是指整体与局部、局部与局部之间，通过长度、轻度等质与量的差，所产生的平衡关系，当这种关系处于平衡状态时，即会产生美的效果。

比例是部分与部分之间的数量关系，人们在长期生活实践中一致运用比例关系，并以人体自身的尺度为中心，依据自身活动的方便总结出各种尺度的标准，体现在穿衣之中。常被广泛应用的人体黄金比例，被公认为是最美的比例形式，它体现了人们对心理视觉上的审美要求。在进行服饰艺术面料再造时，设计者可以依据人们的这种审美需求，将大与小、长与短、轻与重、肌理与质感、装饰与配件等不同色彩、造型、面料进行合理的设计，用比例与尺度的原则达到视觉上的黄金比例，就能产生视觉美的效果。图5－13所示为Architectural Fashion – STEPHANE ROLLAND Autumn 2009 Couture shows，通过局部之间的比例塑造，给整体的造型带来强烈的立体效果，同时塑造了人体美的比例；图5－14所示为Mary Katrantzou Resort 2016 Très Haute Diva，通过色彩的变化与造型的分割，材质的轻与重，在视觉上造就了黄金比例效果。

图5-13

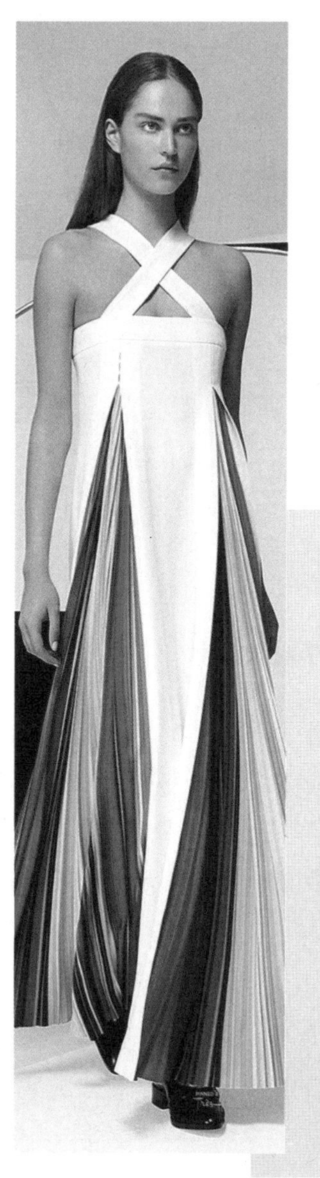

图5-14 Mary Katrantzou Resort 2016 Très Haute Diva

在进行服饰艺术面料再造设计时，要考虑到着装人不一定都是标准体形，要设法用比例与尺度来弥补或校正着装人体型的不足和缺憾，注意它是依附于人体的穿着物，既要符合人体美，又要找出其规律的比例与尺度美感，这是其设计是否成功的关键所在。图5－15所示为BALMAIN READY TO WEAR SPRING SUMMER 2015 PARIS，通过在腰部进行合理的尺度切割，造就纤细的腰部；图5－16所示为Carolina Herrera Ready To Wear Spring Summer 2015 New York，腰上部分的整体拼接与腰下部分的分散式拼接，合理的尺度拼接给人带来丰富的视觉效果。

图5－15 BALMAIN READY TO WEAR SPRING SUMMER 2015 PARIS

图5－16 Carolina Herrera Ready To Wear Spring Summer 2015 New York

五、节奏与韵律

节奏与韵律的概念来自于音乐，是体现形式美的一种形式，有节奏的变化才有韵律之美。节奏是艺术表现的重要原则，各种艺术形式都离不开节奏，节奏是按一定的条理、秩序重复连续地排列，形成一种律动的形式。它有等距离的连续，也有渐大、渐小、渐长、渐短、渐高、渐低、渐明、渐暗等排列构成，就如同春、夏、秋、冬的四季循环，节奏的重复使之单纯统一。

节奏在服饰艺术面料再造设计中，可采取轻与重、多与少、大与小、强与弱、直线与曲线、平面与立体等，也能采取色彩上的冷与暖、纯度与明度、深与浅，面料上的坚硬与柔软、透明与不透明、细腻与粗糙、厚实与轻薄、密实与蓬松等，节奏这个具有时间感的用语在设计上以同一视觉要素连续重复时所产生的动感给人强烈的视觉效果和触觉效果。如图5－17所示，领部采取比例较重的立体设计，在视觉上造就了一定的对比节奏感。如图5－18所示，上下相通的轻薄纱质，给人一种有规律的节奏。

图5-17　Laura Biagiotti

图5-18

韵律不是简单的重复，而是比节奏更高一级的律动，是在节奏基础上更超于线形的起伏、流畅与和谐。韵律是宇宙之间普遍存在的一种美感形式，它就像音乐中的旋律，不但有节奏，更有情调，它能增强感染力，开拓艺术表现力，引起观者的共鸣。在服饰艺术面料再造中，韵律与节奏有些相似，都是借助色彩、面料来造就一种有规律的变化，强调总体的完整统一，但因韵律比节奏更具有表现力，它所呈现出的效果则更鲜明，更突出。掌握好节奏与韵律的运用，能创造出形象更加鲜明、形式更加独特的视觉效果。图5－19所示为具有轻盈动感的面料，唯美的色彩造就了韵律感；图5－20所示为利用有规律的放射状进行的褶皱设计，这种错视美感的韵律引导人们自上而下地进行观赏。

图5-19

图5-20

设计者学习并掌握好形式美的五点原则，能够培养其对形式美的敏感以及形式美的表现内容，从而创造出美的事物。

第二节　服饰艺术面料再造的处理方式

服饰艺术面料再造的处理方式是实现设计效果的重要途径，设计师需要对各种纤维面料进行充分认知后，并结合传统和现代的工艺手法来改变现有的平面形态，以此产生新的艺术面料再造的视觉效果，这个过程是充满创意与实践的。一般所采取的处理方式是褶皱、抽纱、堆积、叠加、贴片等，这些一般出现在服饰局部设计中，也有用于整块的面料再造中，实现服饰艺术面料再造的处理方式具体有如下几种。

一、面料再造的增型与减型处理

在服饰艺术面料再造过程中，面料进行再造增型一般是单一或是两种以上的材质在现有面料基础上进行处理，材质如刺绣、贴花、贴片、贴钻、缉明线、金属铆钉、贴口袋、叠层等多种材质的增型组合，工艺处理手段则采用黏合、车缝、补、热压、挂、秀、喷绘、扩印等多层次的设计效果。对于给面料再造进行添加增型而言，是比较容易出现新的视觉效果，不同材料的增型寓意着不同风格，在当今国际T台上，无论是高级定制还是高级成衣制作，增型会依据当季的流行趋势需求而进行设计，比如在织物上镀膜涂层，在面料夹层加入填充闪光亮片，在柔软轻薄的面料上贴花、刺绣，在硬朗皮革上增加金属铆钉等，增加这些不同材质的装饰物，使得面料再造更具有时髦和引领流行趋势的特点。Dries Van Noten在服饰表层加入装饰贴片、胸前加入羽毛造型与金属质感的编结链，色彩统一以及腰带的加入丰富了服装的整体造型（图5－21）；如图5－22所示的服饰里，柔软面料与硬挺的金属质感材料相结合，带来了立体视觉冲击力。

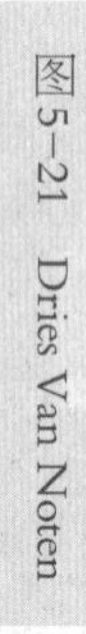
图5-21　Dries Van Noten

图5-22

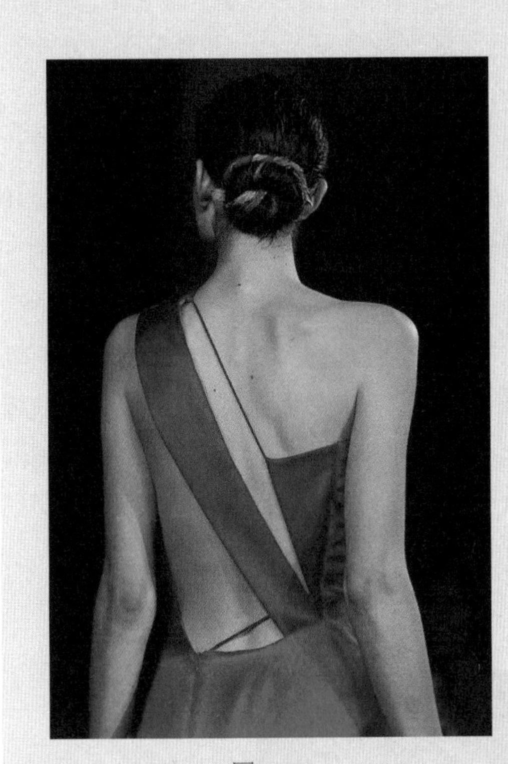

图5-23

面料再造中另一个具有表现力的就是减型处理方式，它将原有的面料设计形态进行减型或破坏面料表面，改变现有面料的组织结构，使现有面料不完整，形成另一种表面视觉效果。服饰艺术面料再造的减型处理方式很多，比如在面料表面进行抽纱、剪切、镂空、磨损、解构等，实现面料的虚实效果。例如可对皮、毛、布、棉等进行剪切，产生表面的破坏；也可以用手撕方法处理面料使之出现不规则的肌理效果；还可以针对面料的物理特性，对面料再造进行起球、磨毛、缩绒的效果，使局部服饰面料减少，出现残缺、破损、不完整的视觉效果，这种处理方式非常适合潮流、有个性的设计。如图5－23所示，直接在原有面料上进行了结构不对称的处理效果，细与粗的对比实现解构组合；如图5－24所示，对面料进行有规律的横向剪切与镂空处理，使里层的纵向白色织物面料若隐若现的出现。

二、面料再造的解构与变形处理

解构一词是设计上应用非常广的一种风格，在服饰设计里尤为突出，服饰艺术面料再造中的解构与设计本质是相同的。“在服装设计中材料解构应用不仅能够在很大程度上挖掘材料本身的美，而且更能利用材质本身的差异、在反差中寻求和谐”，从这句话可以看出，服饰艺术面料再造可以将不同的面料进行解构，通过结构上的解体、经纬线上的打乱、无次序的组织使面料由原来的一次设计产生二次设计效果，材质解构的效果鲜明并赋予个性，以呈现丰富、强烈的质感对比为目标。不同材质的面料以及不同色彩的面料进行解构拆开，或是重现组织在一起，再进行新的造型设计，形成色彩、材质各异的视觉效果，使它富有新的视觉艺术效果。早在20世纪七八十年代，日本的设计师就把解构主义的观念融入服饰艺术面料再造的创新中，使服装艺术出现新格局，一些极具想象力的设计师出现在欧洲，受到追捧。比如日本设计师川久保玲的破烂式、乞丐装，给人带来的是一种回归自然、淳朴、

图5-24

野性的视觉冲击力，从而创造出一种残缺的美感，这些设计给时装界注入一股新活力，也丰富了面料的多种可能性。图5－25所示为花朵几何的造型，无规则的拼接，强烈的色彩对比，重新赋予了解构造型；图5－26所示为同样的材质，不一样的图案组合和色彩应用，在视觉上给人一种结构重组。

“面料的变形设计法主要是改变面料原有的形态特征，一般不增加和减少面料的纱线和体积”。变形是对材质加以物理外力变形、拉伸或挤压的抽纱、人工卷花、立体布纹等处理，在外观造型上给人以新的形象呈现。其最具有代表性的是褶皱设计，运用相应机器操作，使原面料本身形成新的，且呈堆积立体化的褶皱肌理外观。褶皱设计是在面料再造设计中最常见的一种操作手法，它可以使织物的表现形成凹凸肌理效果，加强面料立体浮雕外观效果，又便于设计师依据自己的设计构思反复进行修改，可以进行细分规则褶皱与不规则褶皱，在技术处理上一般包括热定型处理、化学制剂定型处理、抽线成型处理等，如运用高温高压烫压而形成的埃斯普利特裙，或是将部分衣料缝缩而成看似自然褶皱的缩皱形褶、折叠设计、抽褶设计。日本设计师三宅一生有解构褶皱之父的美称，他一生都致力于面料褶皱的变化。如图5－27所示的高压褶皱与肌理质感的几何造型，在视觉上形成左右对比的效果；如图5－28所示的多重折叠的弧线灯笼袖应用，给人一种柔美的飘逸。

图5-25　川久保玲秀场作品

图5-26　三宅一生秀场系列

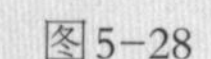

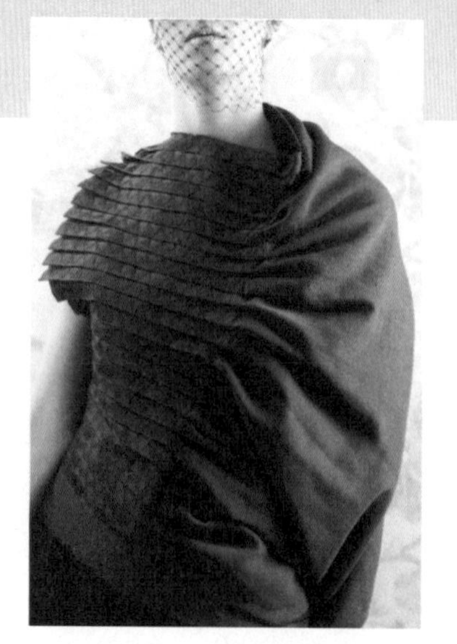

图5-27　高压褶皱与肌理质感

图5-28

三、面料再造的平面与立面处理

对一些平面材质的面料进行处理再造，用折叠、编织、抽缩、褶皱、堆积折裥等手法，形成凹与凸的肌理对比，给人以强烈的触摸感觉；把不同的纤维材质通过编、织、钩、结等手段，构成韵律的空间层次，展现变化无穷的肌理效果，使平面的材质形成浮雕和立体感。如图5－29所示，统一手法的毛线编织，色彩的节奏处理，肩部轻盈的丝质纱，整体大气；如图5－30所示，机器印花与褶皱，领部的彩色贴花，虽是平面效果却给人一种视觉上的立体感。

对一些立面材质面料再造，采用传统手工或平缝机等设备对各种面料进行缝制加工，也可运用物理和化学的手段改变面料原有的形态，形成立体的或浮雕般的肌理效果。一般所采用的方法是：堆积、抽褶、重叠、凹凸、褶裥、褶皱等，多数是在服装局部设计中采用这些表现方法，也有用于整块面料的。总之，在采用这些方法的时候，选择什么样的材料，用何种加工手段，如何结合其他材料产生对比效果，以达到意想不到的境界，是对设计师创意和实践能力的挑战。图5－31所示为有节奏感的几何形状，凹凸不平的伞状排列，整个画面如浮雕般温暖安静；图5－32所示为多种柔软面料的组合重叠，色彩的区分，不同形状有规律的依次排列，使整体充满次序感。

图5-29　Ginormous 拼色服饰

图5-30　2015春夏高定时装周细节赏析

图5-31

图5-32　Chanel Fall 2013 Couture

四、面料再造的综合处理

服饰艺术面料再造设计主体体现在材料的肌理上，肌理是通过触摸感觉给予人不同的心理感受，如轻飘与厚实、柔软与坚硬、温暖与凉爽、粗糙与细腻、平整与褶皱等，这些触觉效果不仅能丰富面料的表情形态，而且具有视觉的动感与创造，可以直接反映设计师的观念表达。现代服饰艺术面料再造的综合处理，更多是倾向不同材质进行重组再造，结合以上三点灵活地运用综合方式处理，使面料设计表情更丰富，肌理效果更多样化。在实际操作中，这些综合处理可以单独处理，也可以依据设计的效果多次试验。对多种面料重新组合，把不同质感材质重合、透叠，也能产生别样的视觉效果，在丰富华丽的材质上，笼罩一层轻柔透明的薄纱，带给人一种朦胧妩媚、别具风格的美感。而在制作技术和后期工艺处理上，现代服饰艺术再造设计的科技手段也是琳琅满目的，从传统的手工艺印染、刺绣等拓展到使用大机器印染、电脑织机、电脑刺绣、电脑喷印、数码印花等现代科技手段。“形式即风格”，各种面料及其工艺处理的组合变化，能造就出不同的视觉风格，如传统材质改造一般在衣襟、胸前、后背、袖口等部位，在平面材质上用绣、补、挑等方法，制作一些纹样图案，从而表示出不同的层次变化。现在，个性化的表现手法更为丰富，如在毛皮上打孔，在局部地方精致地装饰珠串、流苏、仿金属片、塑料等，形成特殊的形式美感。再如棉麻、丝绸、织锦等面料，在进行面料再造中，可以采用宝石、蕾丝、花边、剪口、贴花等材质面料，构成新的现代风格。

图5-33

在服饰艺术面料再造过程中，设计师不是被动从事一份工作，而是主动将整个创造过程融入设计活动中，对不同面料材质与风格迥异的处理方式，进行综合反复的改造设计，吸收和设计出新的视觉面料，来展现自己独特的创意审美与多元化的融合。图5－33所示为充满金属质感的串珠有节奏的排列，设计师充分发挥了材质特性，造就一种独特的创意美。图5－34所示为镂空处理的服装，给人一种柔美的感觉。图5－35所示为臀围部分的轻薄纱重复的堆积，形成一定量的体积感，色彩上采用大面积的黑色和红色，给人强烈的冲击力。

图5-34

图5-35

◆ **思考：**服饰艺术面料再造的形式美原则有哪几点？

◆ **练习：**针对服饰艺术面料再造的处理方式，选择三种方法进行三块面料设计，并应用于服装款式效果图。

第六章 服饰艺术面料再造的形态风格

学习要点

服饰艺术面料再造是服饰设计的一个主要环节，它是根据服装款式与特点而借用新的设计思路及服装工艺来对服装面料进行再造，以期打造另一种外观效果，从而在整体上提高服装面料的艺术表现力。很明显，服饰艺术面料再造已成为服装设计的一大潮流，因其不仅符合人们追求时尚的心理，也是体现服装美学效果的主要方式。

学习目标

通过对服饰艺术面料的改造来达到加强服饰面料表现的效果。面料的再造设计法主要是通过改变面料的原有形态，在面料外观上给人以新的视觉体验，因而常常利用面料再造的艺术形态和情感形态化的设计，从而打造多样化的面料形态风格。

核心概念

通过服饰艺术面料再造的各种设计手法来展现服饰面料再造后的艺术表现力，提升服饰的整体效果，从而起到扩展服饰面料的视觉冲击效果。这不仅丰富了面料的肌理与外观，也是增强服装面料立体效果的重要手段。

第一节 服饰艺术面料再造的艺术形态

服饰艺术面料再造也称为服装面料的二次处理，它是服装设计的重要手段。在服装设计作品中对面料进行开发和创造，可以呈现多样化的表面特征，体现整体设计中的细节变化，大大拓展面料的运用范围。

面料再造是一项创意性强的面料设计，它的设计原理是以“三大构成”和“基础图案”为基础，准确地说是将立体构成的概念实施于材料的二度创造，是“三大构成”的学以致用，也是各种艺术门类知识的沉淀和发挥。面料再造在形式美法则和现代设计基础“三大构成”的导航下，能使设计师在创作中得心应手、游刃有余。（图6－1）

一、视觉形态

在缤纷绚烂的自然界中，我们时常看到变化莫测的浮云、绚丽多彩的云霞、一望无际的麦田、层层叠叠的森林、湍急的水流、干裂的土地……这些无不散发出奇妙的艺术魅力，激发人们无限的遐想和灵感。

视觉肌理改造的过程是实现视觉美感的重塑。面料视觉再造的过程主要是通过对富有现代艺术表现形式的图案或者纹理样式进行整理，将其融合到面料中，使其带有丰富的艺术表现。

1. 几何表现

作为最基本的纹样造型，几何造型的主要表现形式是通过几何中最基础的点、线、面构造，将其进行有规律或者无规律的排列、组合，从而产生图案的效果。简单朴素的几何形态的组合，往往最具视觉冲击力，同时隐含着深深的哲理和精神内涵。（图6－2）

图6—1

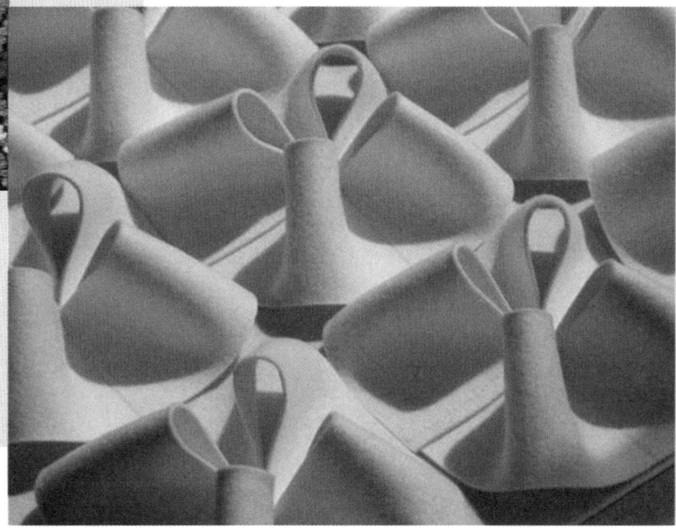

图6—2

2. 抽象形态来源于自然界中的偶然

它们是不定型的、随意诞生的状态，故形态是造化般的别致，肌理表现也奇特有趣，完全是不经雕刻的偶得天成的自然形态美。（图6－3至图6－5）

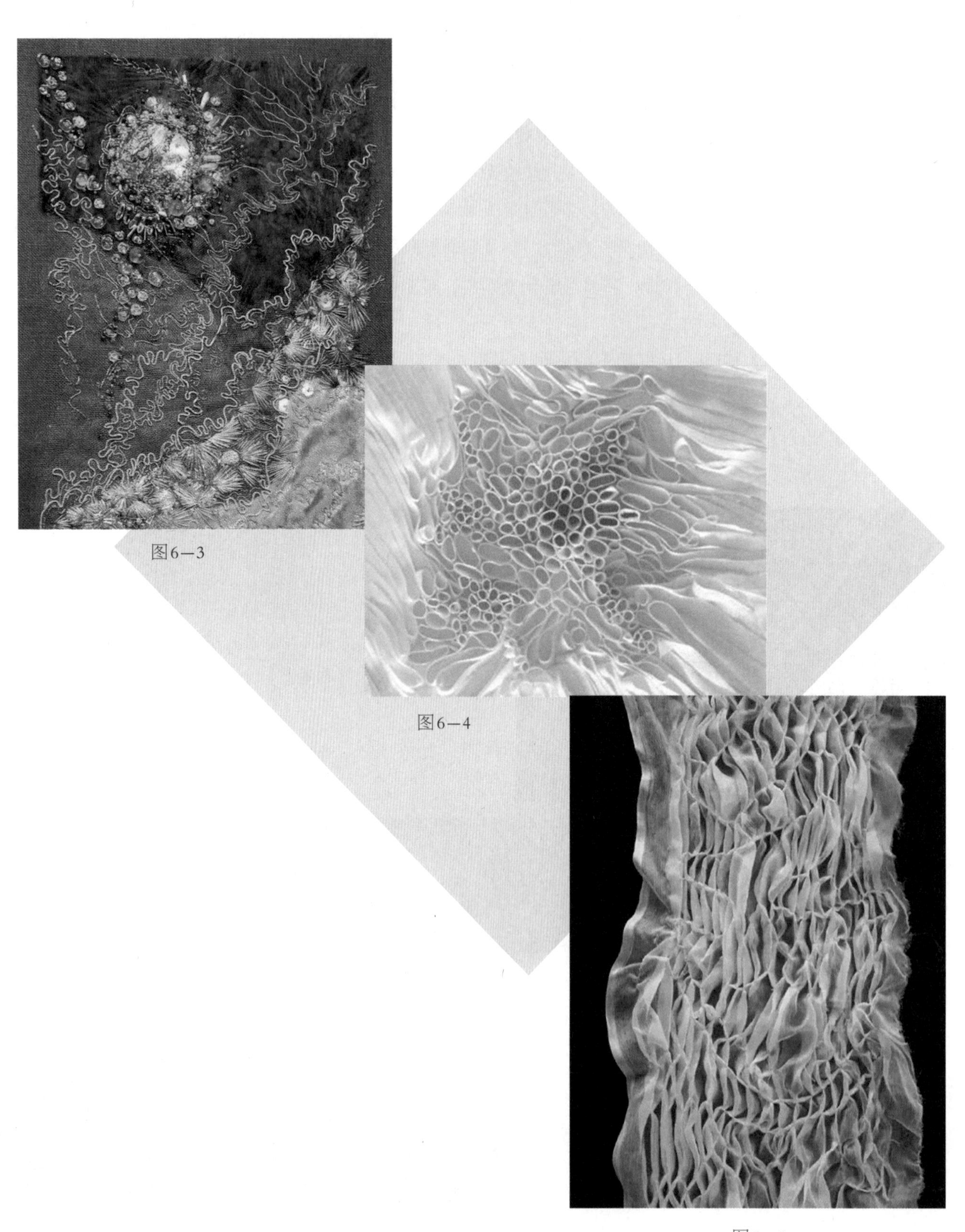

图6—3

图6—4

图6—5

二、触觉形态

触觉肌理是通过触摸能感觉到的肌理。它能给予我们不同的心理感受，如粗糙与光滑、软与硬、轻与重等。就材质而言，触觉肌理除了新材料是由于内部织物形成的肌理效果以外，一般是对现有的面料进行再创造性的设计加工。

从面料设计而言，我们对面料进行触觉肌理的再造时，除了采取传统的从面料内部进行重新设计以便形成切合肌理纹理的效果外，还需要采取新型的面料再造技术，对面料进行深加工，以便产生更好的面料层次感。图6－6所示为三宅一生立体褶皱面料的效果，给人强烈的触觉肌理感。图6－7至图6－10所示为面料触觉形态的再造设计，体现了面料强烈的视觉感和层次感。

图6—6

图6—8

图6—7

图6—9

图6—10

第二节　服饰艺术面料再造的情感形态化设计

一、服饰艺术面料再造的风格情感化形态设计

服饰艺术面料再造中的风格设计可以具体分为两个层面：一是面料的基本风格设计；二是面料整体的艺术风格。

1. 基本风格的情感化形态设计

面料的基本风格主要是指排除了色彩和图案的因素，通过纺织纤维和织造工艺的变化所产生的外观风格，使面料产生平整、凹凸、起皱、闪光、暗淡、粗犷、细腻、柔软、硬挺、透、起绒等材质的肌理效果。材质风格的设计尽管没有色彩搭配、图形、纹案那样突出和直观，但是具有其自身的独到之处；其含蓄、独特的艺术效果影响服装的设计款式、造型等，也为其他的设计要素（色彩搭配、图案设计、质感设计等）提供了不同的视觉效果。如图6－11至图6－16所示，通过多种面料再造手法使面料得到特殊肌理的效果，达到面料的基本风格情感化形态。

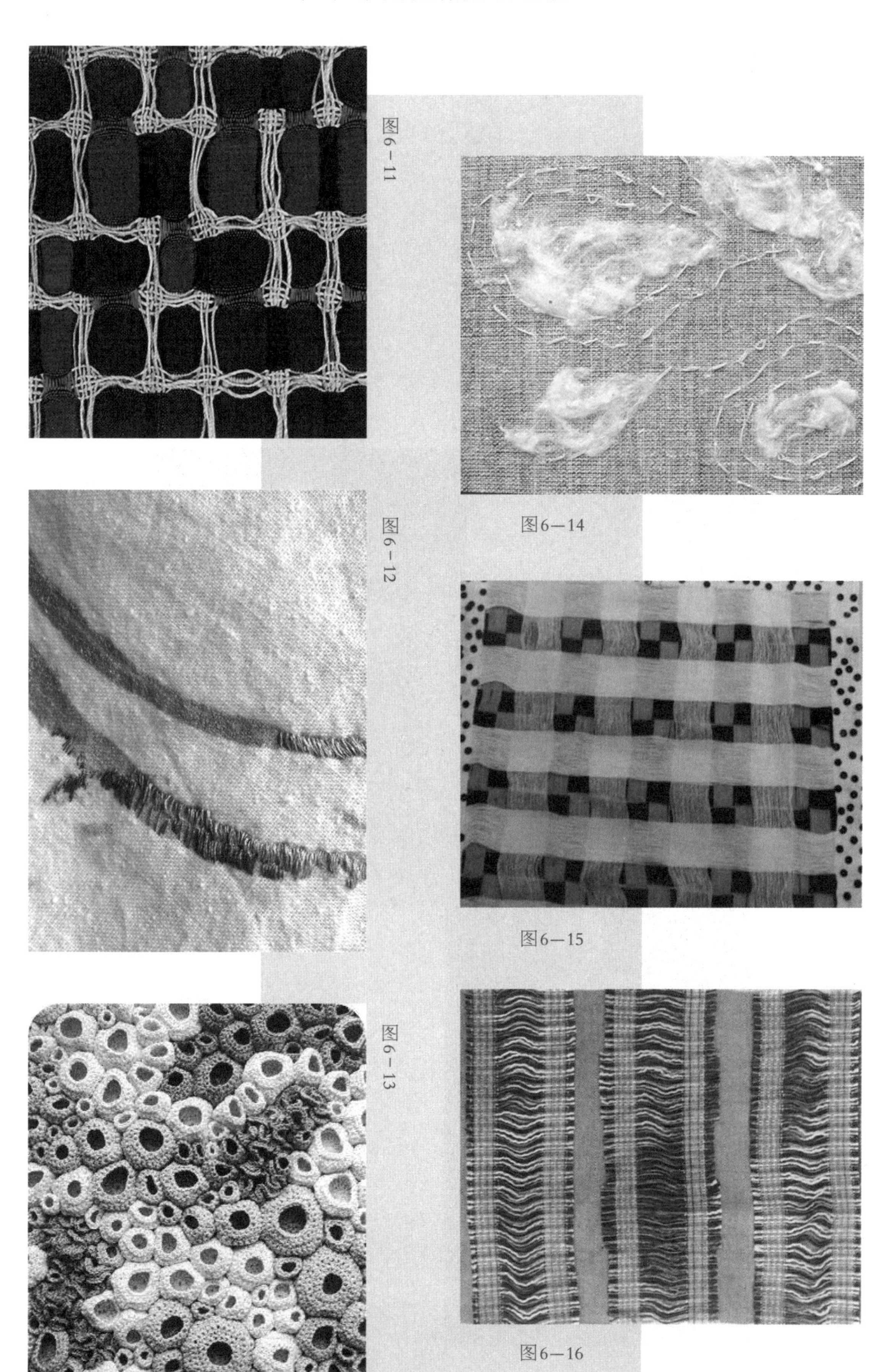

图6-11

图6-12

图6-13

图6—14

图6—15

图6—16

2. 艺术风格的情感化形态设计

不同历史时期的服装和主流艺术派别尤其是装饰艺术存在着密切的映射关系。这些主流艺术特性均有在服装中体现，并使得服装具有某类艺术风格，面料也不例外。风格作为一种精神内涵，在时代精神下形成，带有时代的特点，如古典主义、浪漫主义、极简主义、巴洛克艺术、洛可可艺术等。各类艺术风格所呈现的视觉效果也会给人们带来不同的时代感，产生不同的情感因素。例如：结构主义（Structuralism）的艺术特征十分鲜明，追求的是绝对的抽象形式而非写实。（图6－17至图6－23所示的服装结构简洁，线条分明，具有较强的现代时尚感。）

图6—17

图6—18

图6—19

图6—20

图6—21

图6—22

图6—23

（1）服饰艺术面料再造的主题情感化形态设计

所谓主题，主要是指文学、艺术作品中所蕴含的基本思想，它是作品所有要素的辐射中心和创作的根本点。服饰艺术面料再造的主题并不是简单的抽象思维，而是需要设计师以自己的思想深度、生活体验、个性的艺术表现手法，将具体的设计题材和艺术形象的特殊性紧密地结合在一起。设计的主题明晰、风格鲜明、素材的合理选取和整合都紧紧围绕主题开展，这样，即便是同样的素材，也会呈现不同的主题。不同年龄阅历和性别的人对于相同主题作品的解读和体验，产生的感受和情绪也会有所不同。我们容易迷恋那些独特的能够让心灵愉悦或深情回忆的东西。我们真正迷恋的不是某个东西，而是那个东西所代表的意义和感受。

在现代服装设计中，个性化主题、民族主题、复古主题以及嬉皮风、朋克风、雅痞风、未来风、中国风等，均属于具有典型意义的主题类型。谈到“民族主题”，不得不提KENZO品牌第三代设计师Antonin Marras在设计中忠于品牌的印花作风，凭借其华丽而讲究的剪裁，为KENZO注入了新的品牌生命力。图6－24、图6－25所示为KENZO的印花系列作品，单单以“民族”冠名显得太过狭隘。设计师糅合了传统文化，将民俗民风和民间艺术作为设计的灵感，抽出不同文化的精髓，将多元文化交叠在一起，加上品牌的花卉、图案、条纹等其他元素，混合在一起重新组合；把透视面料与闪耀着微妙光泽的面料进行拼贴组合，将手绘花卉拼贴在透明丝织物上，并将同样的银色系提花锦缎与皮革进行拼贴结合。3D效果的花瓣令人眼花缭乱，民族主题下的艺术性处理也让面料更具定制感的精致，尽显女性优雅气息。图6－26所示为“波光粼粼的湖”；图6－27所示为“都市夜光”；图6–28所示为嬉皮牛仔风；图6–29所示为“蘑菇”。

图6—24

图6—25

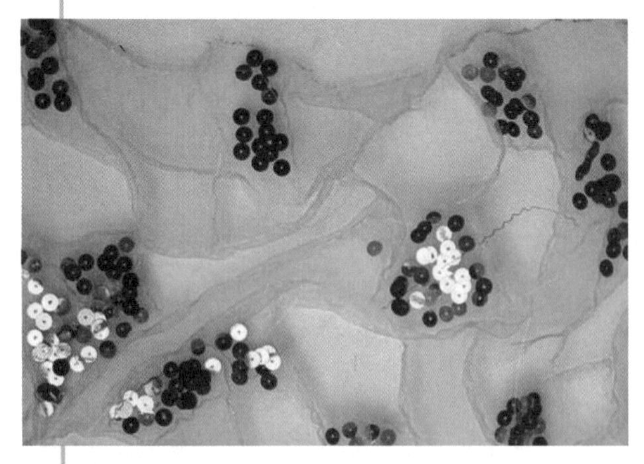

图6—26

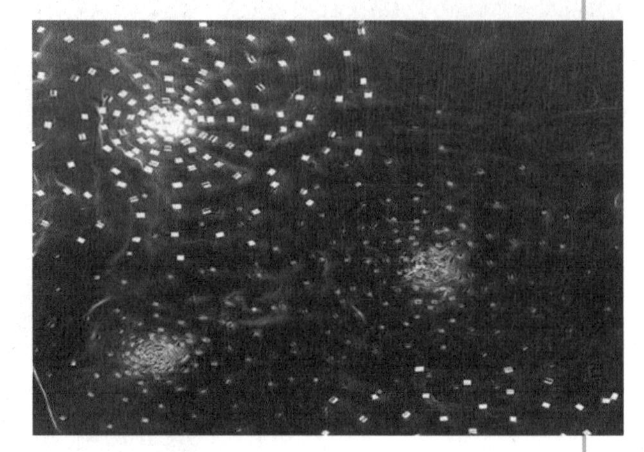

图6—27

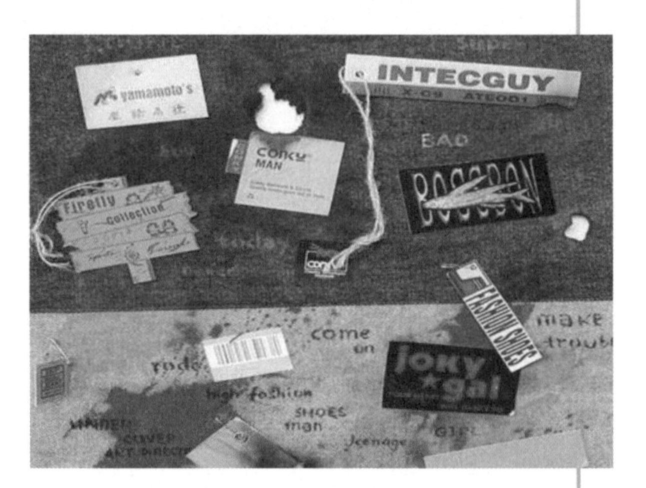

图6—28

图6—29

（2）面料再造的色彩情感化形态设计

由于人的情感效应和对客观事物的联想，色彩对视觉的刺激能够产生一系列色彩知觉的心理效应。当然这种效应会随着具体的时间、地点、条件（如环境位置、生活习惯、时代背景、个人喜好等）的变化而变化。表6-1所列为不同的色彩带给人的不同感觉。

表6-1 不同色彩给人产生不同的色彩感觉

色彩分类			产生的色彩感觉
冷色与暖色（温度感）	冷色	青、蓝、青绿、蓝紫	寒冷、清凉，让人联想到水、天空、冰块等
	暖色	红、橙、黄	温暖、热情，让人联想到太阳、火焰、阳光等
膨胀色与收缩色（距离感）	膨胀色	高明度、高纯度、暖色	膨胀、凸出、向外扩张等
	收缩色	低明度、低纯度、冷色	收缩、凹下、内敛等
前进色与后退色（空间感）	前进色	红、橙等高彩度色	前进、突出、明快、动感等
	后退色	蓝、青绿等深暗色	后退、低调、含蓄、犹豫等
兴奋色与沉静色（性格感）	兴奋色	暖色、高明度、高纯度	兴奋、激动、亢奋、愉悦等
	沉静色	冷色、低明度、低纯度	沉静、平静、安详、冷漠等
华丽色与质朴色（注目感）	华丽色	高纯度的单色活泼、强烈的色调	华丽、高调、奢华、鲜艳等
	质朴色	低纯度的单色灰、暗的色调	质朴、朴素、古典、暗哑等

服装的色彩是通过服装面料材质来呈现的，由于服装面料中素材的内在结构、表面肌理等特性各不相同，色彩通过面料所反映到人的视知觉就不同，进而产生的感觉也有所不同。因此，在选取素材时，不同特性的面料呈色也会不同。选择明度、纯度较强的颜色则需要选取组织细密、折光性好的面料或材质，想要表达的视觉效果也能得到最大程度的展现。因此，在进行面料再造的设计时，色彩的明度、纯度、对比以及搭配不同面料材质等因素的利用和编排都会给人不同的知觉效应，引发不同的感情效果。图6－30至图6－34所示都是通过色彩来表现服装情感的设计形态。

图6—30

图6—31

图6—32

图6—33

图6—34

二、服饰艺术面料再造的图形情感化形态设计

1. 相似法则运用

品质相同或相似的图案易被组织成图形，被组织成图形的部分既给人整体统一的感觉，又易被人们识别，能快速吸引观者的注意力。在进行具体面料的二次肌理处理时，我们可以将材质相同的图形复制排列，视觉上产生饱满立体感，容易抓住人们的视线。图6－35所示为运用相似法则使面料体现整体统一的视觉效果。

2. 邻近法则运用

当色彩、形态、质地等元素相同或具有共同特征时，在空间上接近的部分易被感知为图形。这一规律有助于创造一种视觉倾向，使图形形成一种秩序感、节奏强，并富有美感，常为设计师所用。

华裔设计师殷亦晴最擅长的是通过各种褶皱手法营造层次，呈现出服饰的多样性，整体以轻盈、欢快触觉人的视觉神经。如图6-36至图6-38所示的2013年YiQing－Yin秋冬高级定制秀，标志性的繁复褶皱，虽说使用了各种蕾丝、珠片、丝绒、羽毛等不同质感的素材，由于运用相似的色彩、形态，又经过空间上的密集型排列，在整体的细腻与朦胧中隐现中式风情，线条感饱满强烈，更好地展现了女性不加修饰的曲线美，同时又增添了可穿性。

3. 对称法则运用

在视野中对称的东西易被知觉为图形。这种相称的均衡构成，给人们提供了一种视觉的稳定、平衡、完整和秩序。许多美学理论将对称说成美好的基本标准，曾有希腊美学家指出：“身体美确实在于各部分之间的比例对称”。

图6—35

图6—36

图6—38

图6—37

图6-39、图6-40所示为绝对的对称，众多繁杂的元素，大裙摆、泡泡袖、花边高领以及那布满的珍珠镶嵌，对称法则的运用，使视觉秩序完整，整体精妙绝伦。

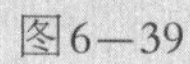
图6—39

图6—40

相反，不对称产生另外的心理感受，易被感知为不稳定，造成感觉复杂、心理的起伏，这种设计的不稳定性与复杂性给人的感知造成困难，却易于吸引人的注意力。图6－41至图6－44所示为2017年中国国际大学生时装周作品，运用了不对称法则。

图6—41

图6—42

图6—43

图6—44

4. 连续法则运用

具有良好连续倾向的图案容易组成图形。每个组成部分运用连续法则，个体部分零件虽然多种多样，但是给人的视觉感知是统一的整体。将部分知觉感知为整体的因素存在，这种视觉倾向可以方便我们在进行设计时，尽管面料的组成部分（如色彩、材质、肌理等）变化丰富，各部分的零件面料质地各不相同，颜色的高低明度、纯度、色相丰富多样，面料的平面外形也有所差异，但是这样的设计仍会让人感知为一个整体。(图6－45至图6－48)

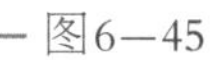
图6—45

图6—46

图6－47
图6－48

三、服饰艺术面料再造的质感化形态设计

质感是指由于材料的物理性能和化学性能等本质属性的不同，呈现的表面效果也不同。人们对于物理表现纹理的心理感受和审美感受，是对材质肌理的感觉，不同的物质有不同的表面形态，于是，也就产生了不同的质感。质感情感化设计，就是利用人们的感官特别是触觉（皮肤触摸）和视觉（视觉“触摸”）的摄入作用，多方位刺激并满足人的多方需要，在面料再造中体现出来。而通过实际的触摸和视觉“触摸”所摄入的素材感觉经验可分为：物理质感、抽象质感、模拟质感。

1. 物理质感

物理质感是对材料本身的感受。服装面料的质感丰富多样，原汁原味地体现了面料本身的物理特性、原始材质风格，也能使人随之产生不同的美感。（图6－49至图6－52）

2. 抽象质感

抽象质感就是对材料进行抽象化提炼，它既保持了材料的质感，又有设计者思想的内涵，被赋予新的艺术魅力。对于材料的主观抽象化处理，并不是天马行空、凭空捏造的，而是根据素材本身的特性、物理质感，如纹理特征、坚硬、柔软程度等进一步提炼、处理，从而体现素材质感的构成美感。通常，我们通过面料的变形再造、破坏性设计、立体等方法实现抽象质感。（图6－53至图6－55）

图6—49

图6—50

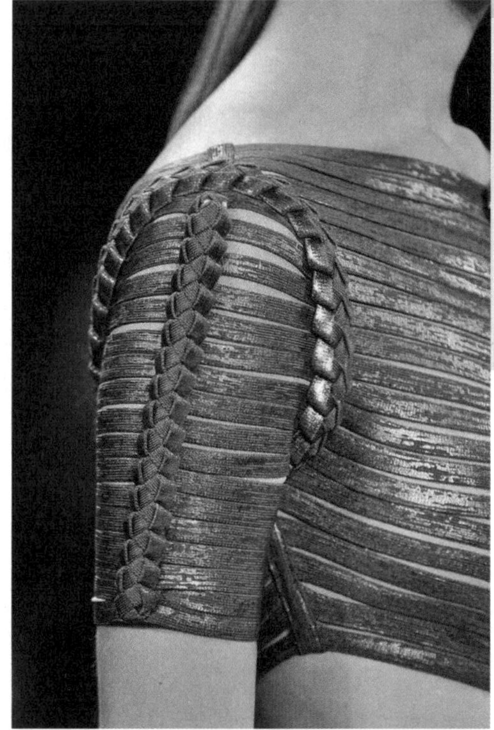
图6—51

图6—52

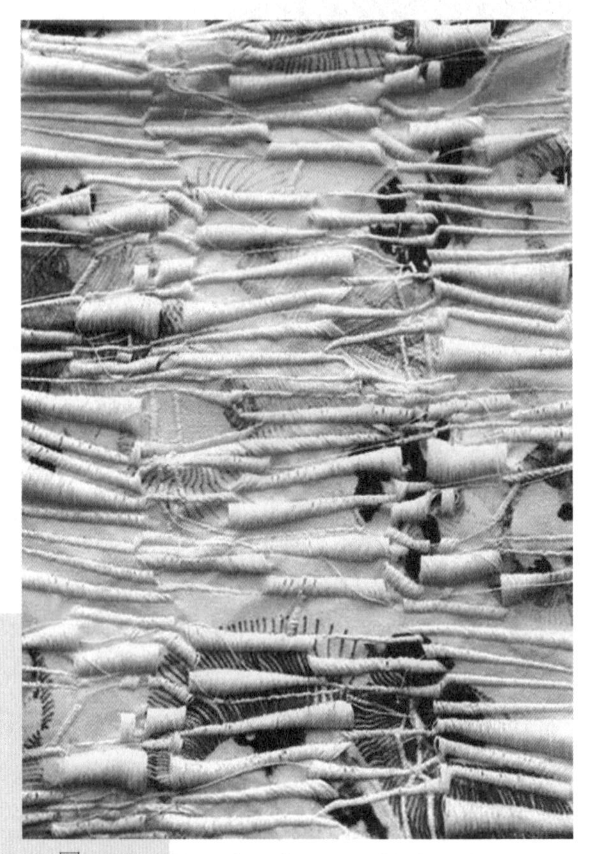

图6—53

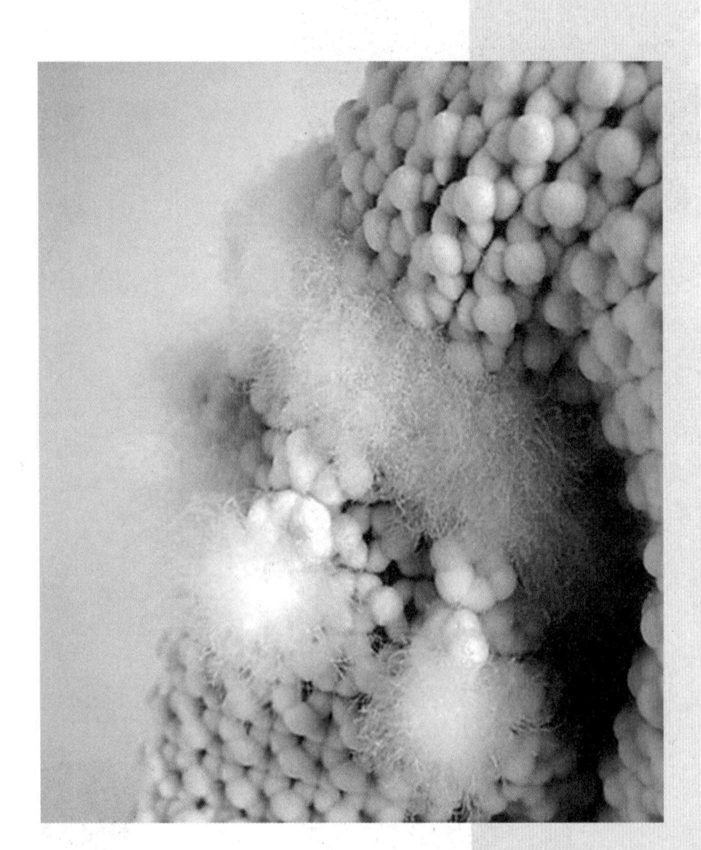

图6—54

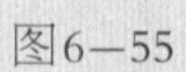

图6—55

3. 模拟质感

模拟质感就是通过真实的质感转化过来的。在面料再造中则是通过对其他的材料或材质的设计、处理，来体现某种自然界事物的真实质感。（图6－56至图6－59）

图6—56

图6—57

图6—58

图6—59

设计师基于服饰艺术面料再造进行情感设计时，应当熟练掌握材料的基本属性与特征，及时了解新工艺、新型材料、新技术等发展动态，运用适当的处理技巧去改造创作素材，最大限度地发挥材料的物理属性，从各类素材的特殊情感语义中获取最合适的表现力，使设计作品给人带来丰富、亲切、意想不到的视觉和触觉感受。

构成服装面料的基本设计元素如何组织，构成怎样的结构，采用怎样的形势方法，是设计师情感传达的关键。尽管在设计的开始，设计师也未必明确自己要传达的情感是什么，更多的只是依赖于直觉，凭着对客观事物的感性认识和强烈的创作冲动去表现自己的思想情感。表面看来，这样的过程当中，只有直觉没有情感因素的存在。而实际上，设计师在所依赖的直觉当中，包含了设计师个人的审美理想和情感喜恶，只是这些情感隐藏在设计师的思想深处，十分含蓄和隐蔽。尽管面料构成的诸多要素都能传达一定的情感意义，但在面料设计的情感表现中，它们只是零碎、分散的构成要素，不足以表现设计的全部思想和情感内涵。因此，设计师若想让自己的设计达到以“人的情感”为目的，就必须按照情感表现的整体需要对具体的各个设计元素做出取舍，把它们有机地组合在一起，构成一个完整的视觉形象。

◆ **思考：**

1. 不同服饰艺术面料再造的手法是如何体现服装的情感形态的？

2. 结合服饰艺术面料再造的图形情感化形态设计，分析不同类型的服装应用什么样的图形可以体现服装的情感化？

◆ **练习：**运用图形的表现，制作3个具有情感化的服装面料再造。制作手法不限、表现手法不限、面料不限。尺寸：30cm×30cm。

第七章　服饰艺术面料再造的其他行业应用与案例赏析

随着服饰行业多样化的发展，设计师对服饰艺术面料再造设计已是平常之事，说明其在服装设计中占据重要位置。然而，服饰艺术面料的再造设计不单单在服装行业存在，它也适用于其他设计行业。这也表明了艺术面料的再造设计不仅丰富而且融合的特点。因此，在这里对面料进行科学、理性的认识与总结。

学习要点

本章节结合现代设计的多元性，分析面料再造在其他行业中的应用，通过大量的案例赏析，使学生直观感受面料再造的艺术魅力。

学习目标

1. 使学生掌握服饰艺术面料再造在行业中的应用。
2. 使学生在进行服饰艺术面料再造的延展中发散思维。

核心概念

当今服饰艺术面料的发展呈现多样化的发展趋势，而面料的再造不仅是在服装行业，在其他行业也发展迅速，这给面料再造增加了新的发展机会，也充分体现了面料再造的多材料、多手法、多形式、多元化的发展，多思维的观察思考，更利于将面料再造应用在其他的产品设计中。

第一节　其他行业应用

软装面料再造设计又称为纺织品装饰织物，也称之为家用纺织品设计。软装面料织物从属于室内设计的一个组成部分，它服务于室内环境中，必须与室内的整体风格相统一，所以它兼顾实用功能与审美功能，这点与服饰艺术面料再造设计高度一致。在软装中它为人们日常生活活动的过程服务，对空间的分割按功能组织划分、限定空间，达到审美情趣的物化，同时传递氛围、意境以及时尚趋势。在现代生活里，软装面料再造有着特殊的语言和魅力，它通过色彩、造型、图案、肌理等方面对空间进行改造和美化，在视觉与心理上，更能唤起人们对空间的亲近与放松，这种软装面料再造又可以在室内空间里随时变换、流动，它被赋予了更多内涵，人们对它的关注度也越来越高。（图7－1至图7－3）

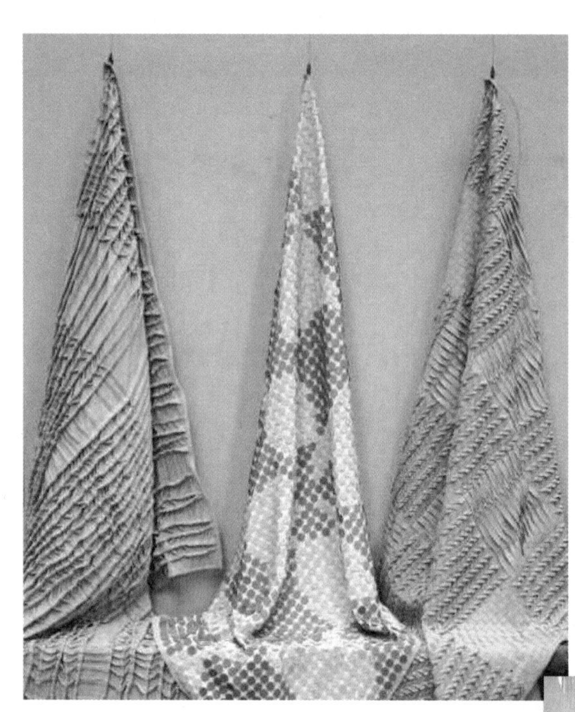

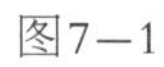
图7—1

图7—2

图7—3

第二节　案例赏析

服饰艺术面料再造能发展到今天，必然离不开设计师与创作者，参与服饰面料的再创造，发挥设计的魅力与创作意念，是成为一个成熟、优秀设计师的必经之路。面料这个从属于服饰中的载体物品，关键在于设计师如何应用，所有这一切都在于人去创造，好的作品能带给设计师意想不到的创造思维活动和乐趣。

一、面料再造细节案例赏析

在千变万化的面料中，服饰面料通过不同的手法和工艺造就出许多不同的视觉效果，使面料充分发挥艺术的特性。这里所列举的案例，既体现了面料原有的特性，同时又对面料的色彩、组合、造型进行了创造性的运用。(图7－4至图7－34)

图7—4

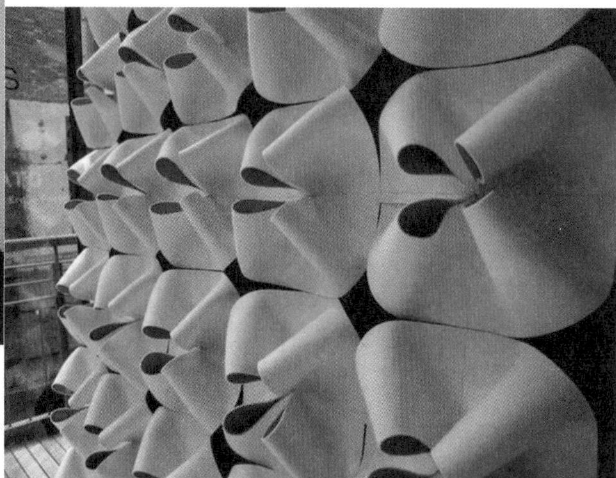

图7—5

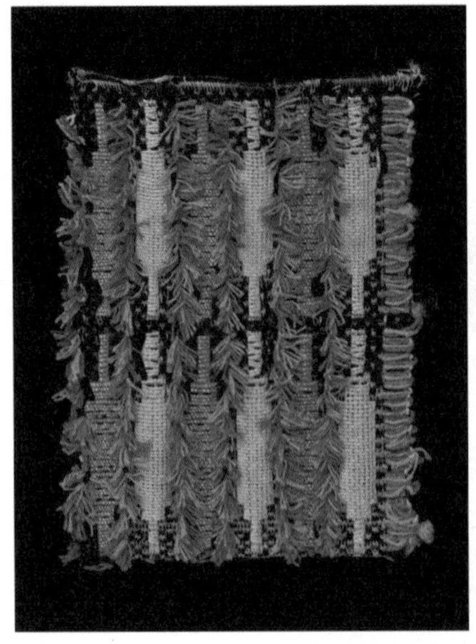

图7－6

图7－7

图7－8

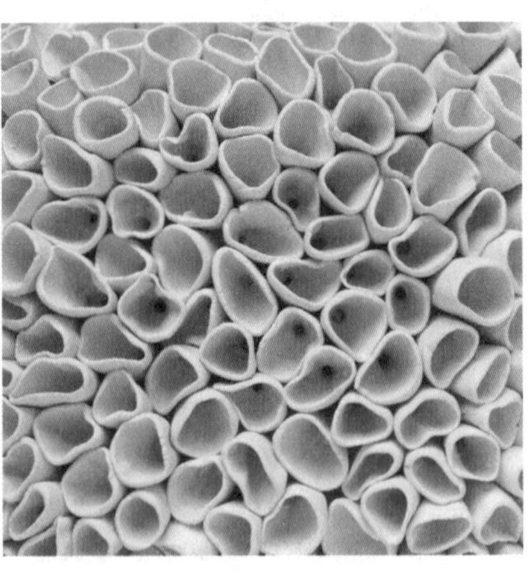

图7－9

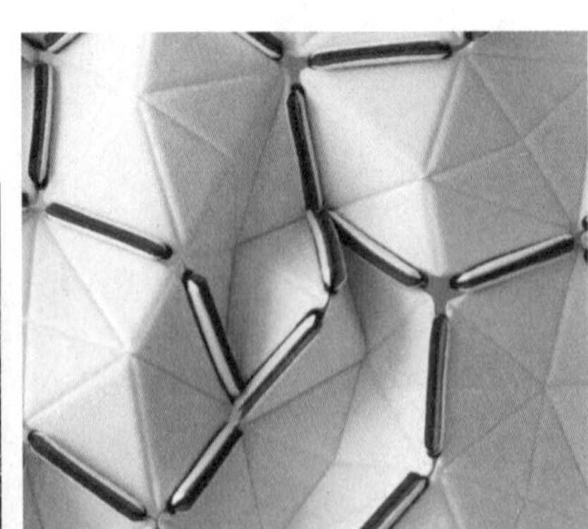

图7－10

图7－11

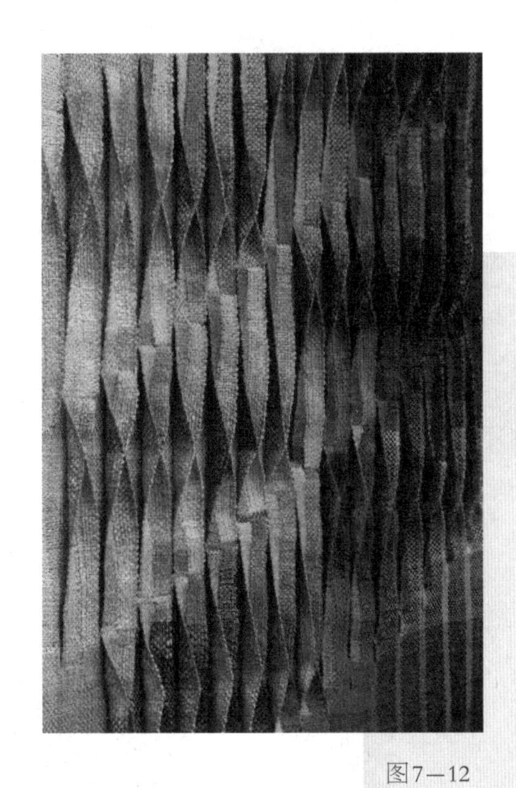
图7—12

图7—13

图7—14

图7—15

图7—16

图7—17

图7—18

图7—19

图7—20

图7—21

图7—22

图7—23

图7—24

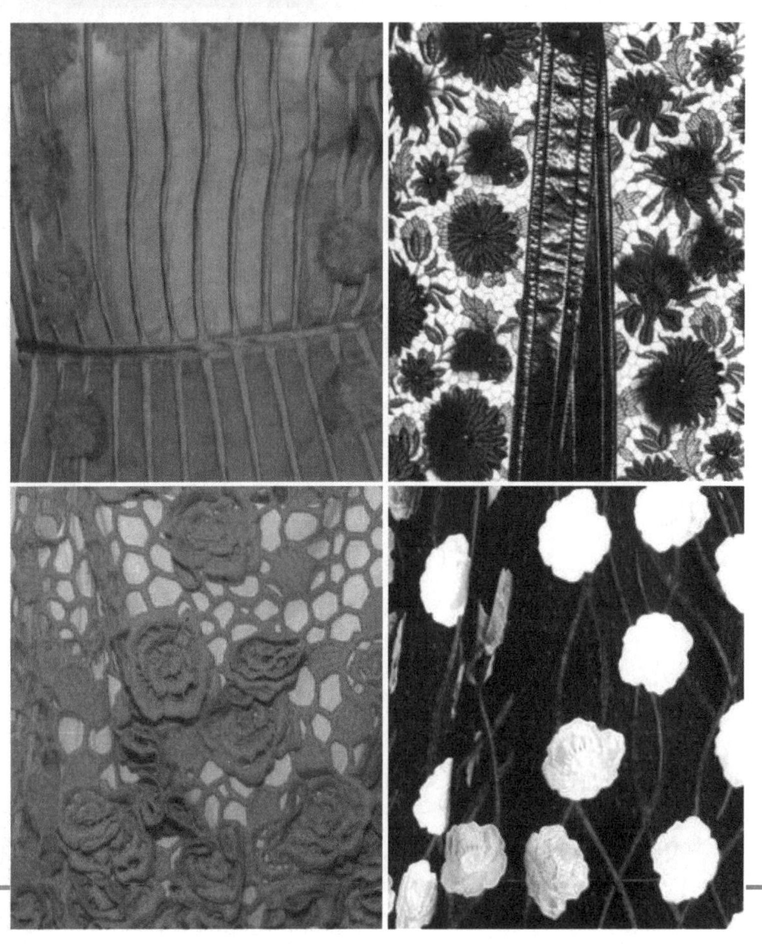

图7—25

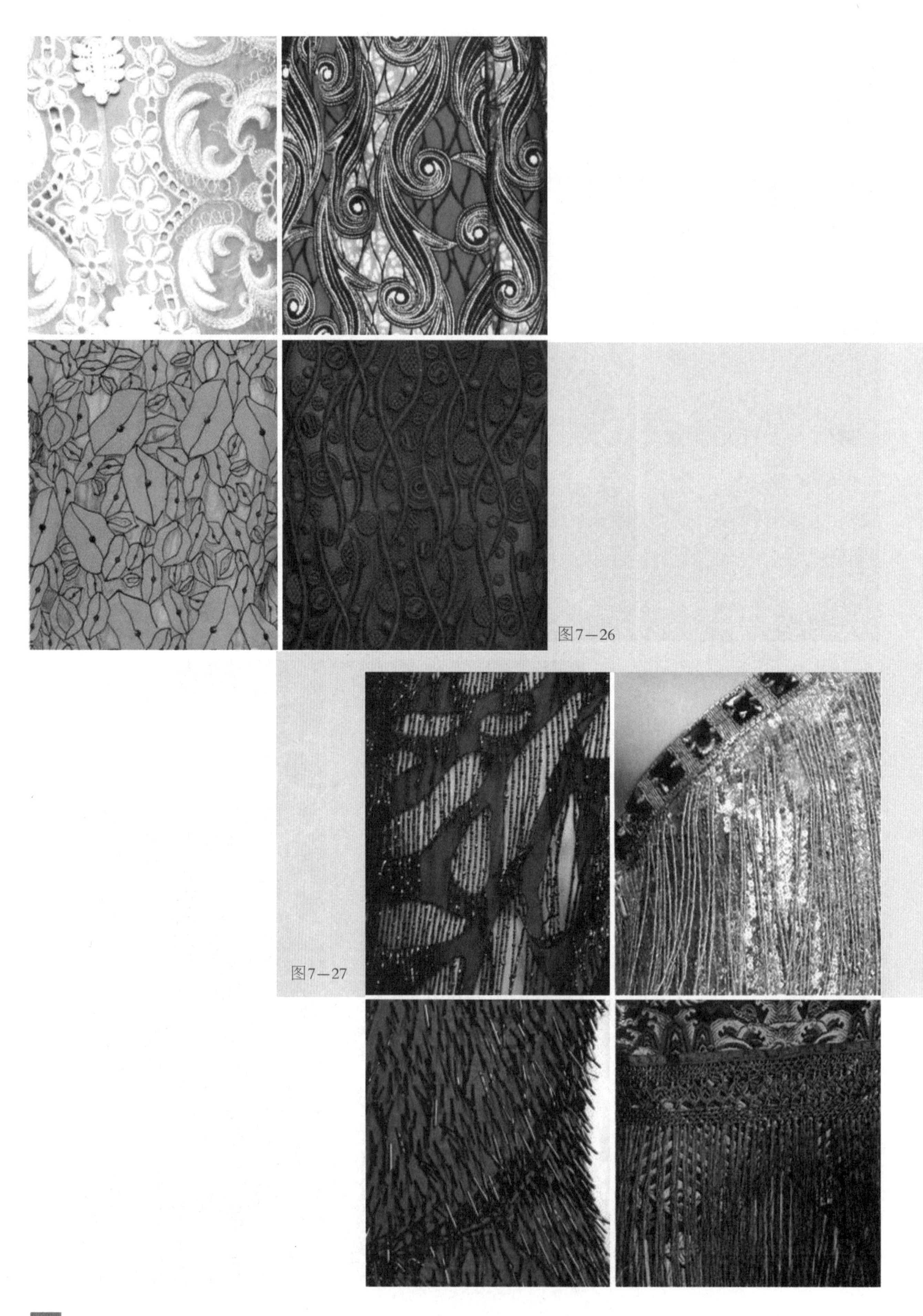

图7—26

图7—27

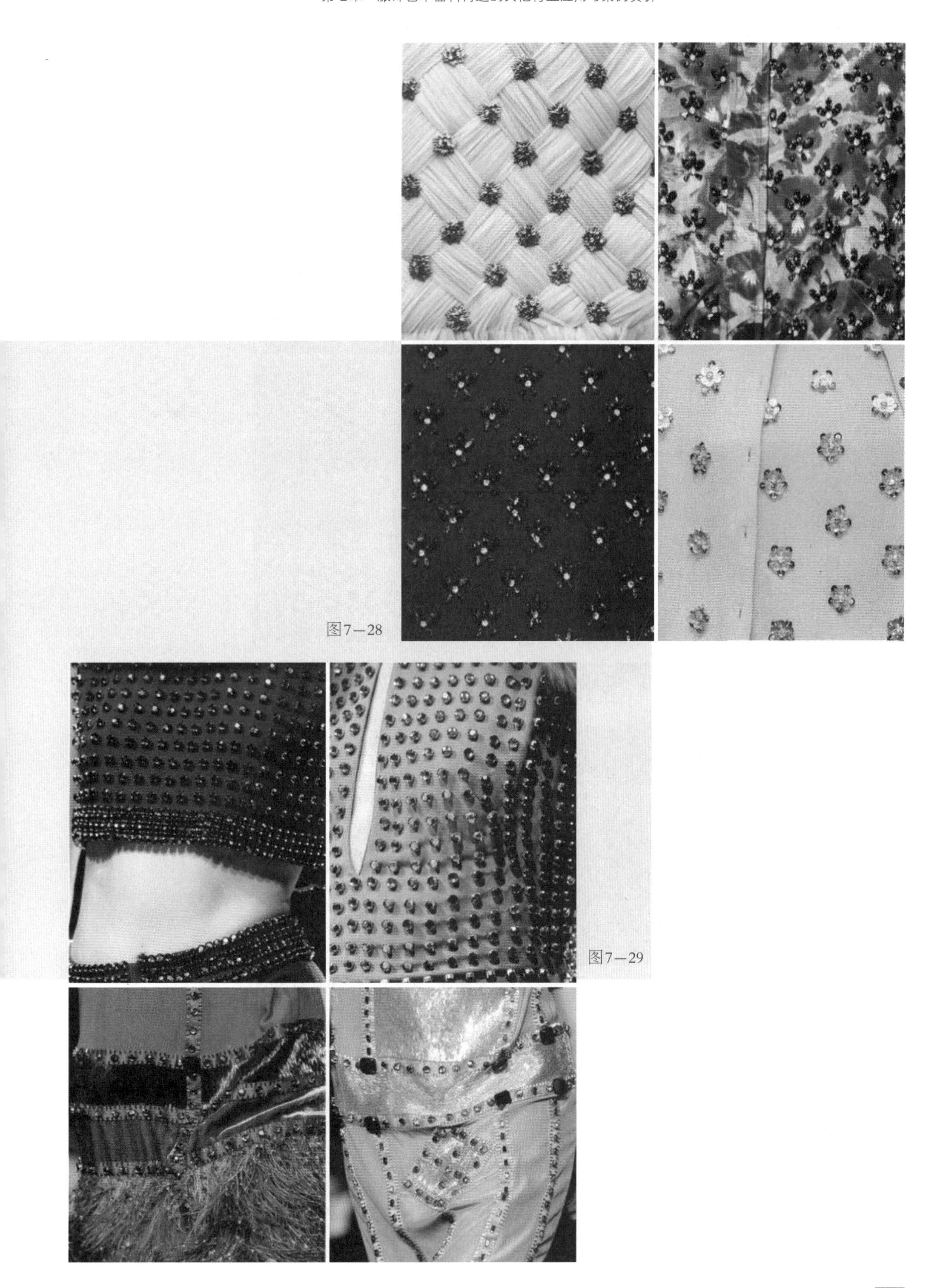

图7—28

图7—29

图7—30

图7—31

图7—32

图7—33

图7—34

二、面料再造细节案例作品

以下作品充分反映了设计者通过思考、创意、实践完成的整体服饰艺术面料再造设计的作品细节图。(图7－35至图7－64)

图7—35

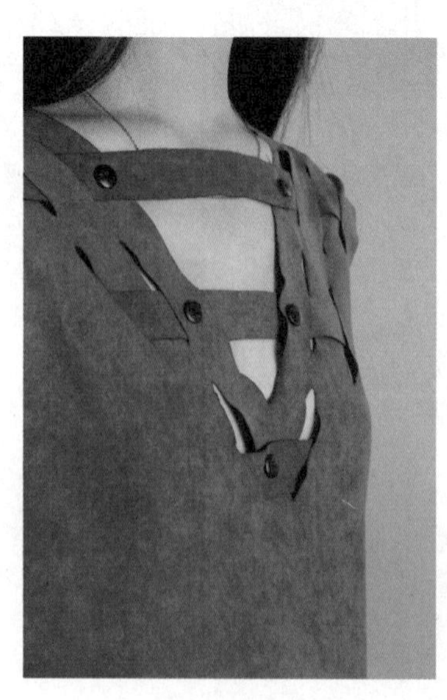
图7—36

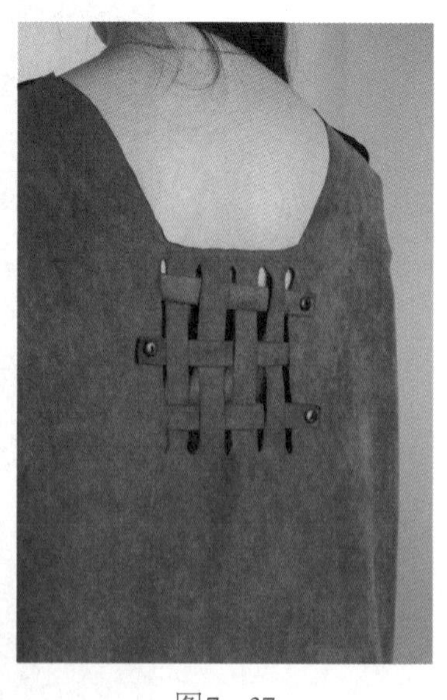
图7—37

图7—38

图7—39

图7—40

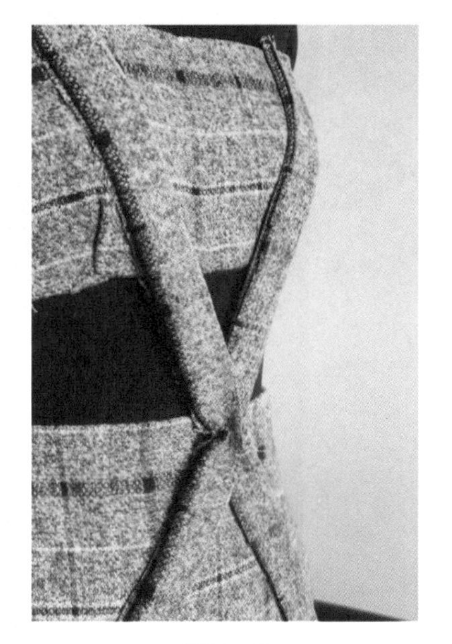
图7—42

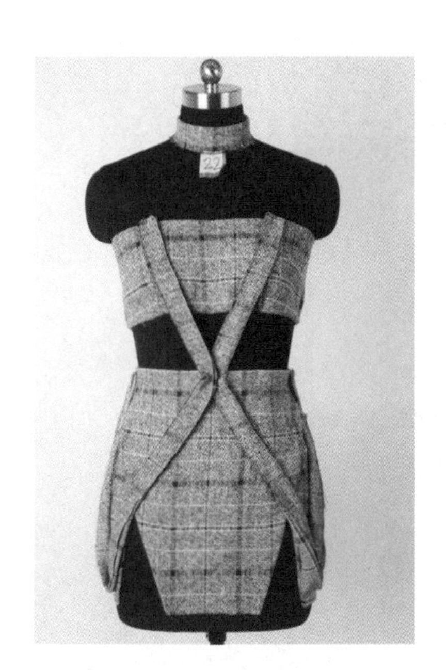
图7—41

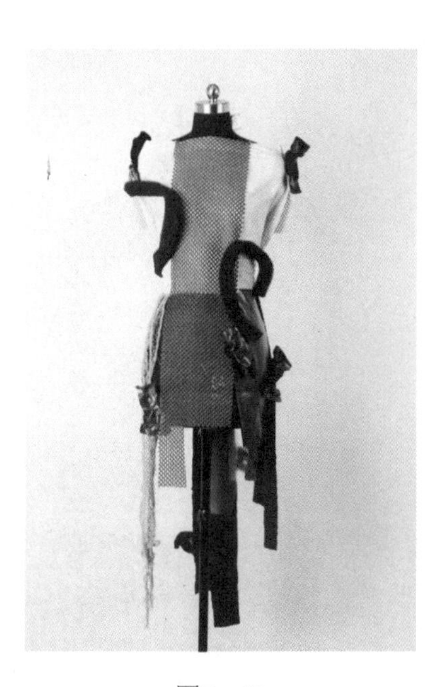
图7—43

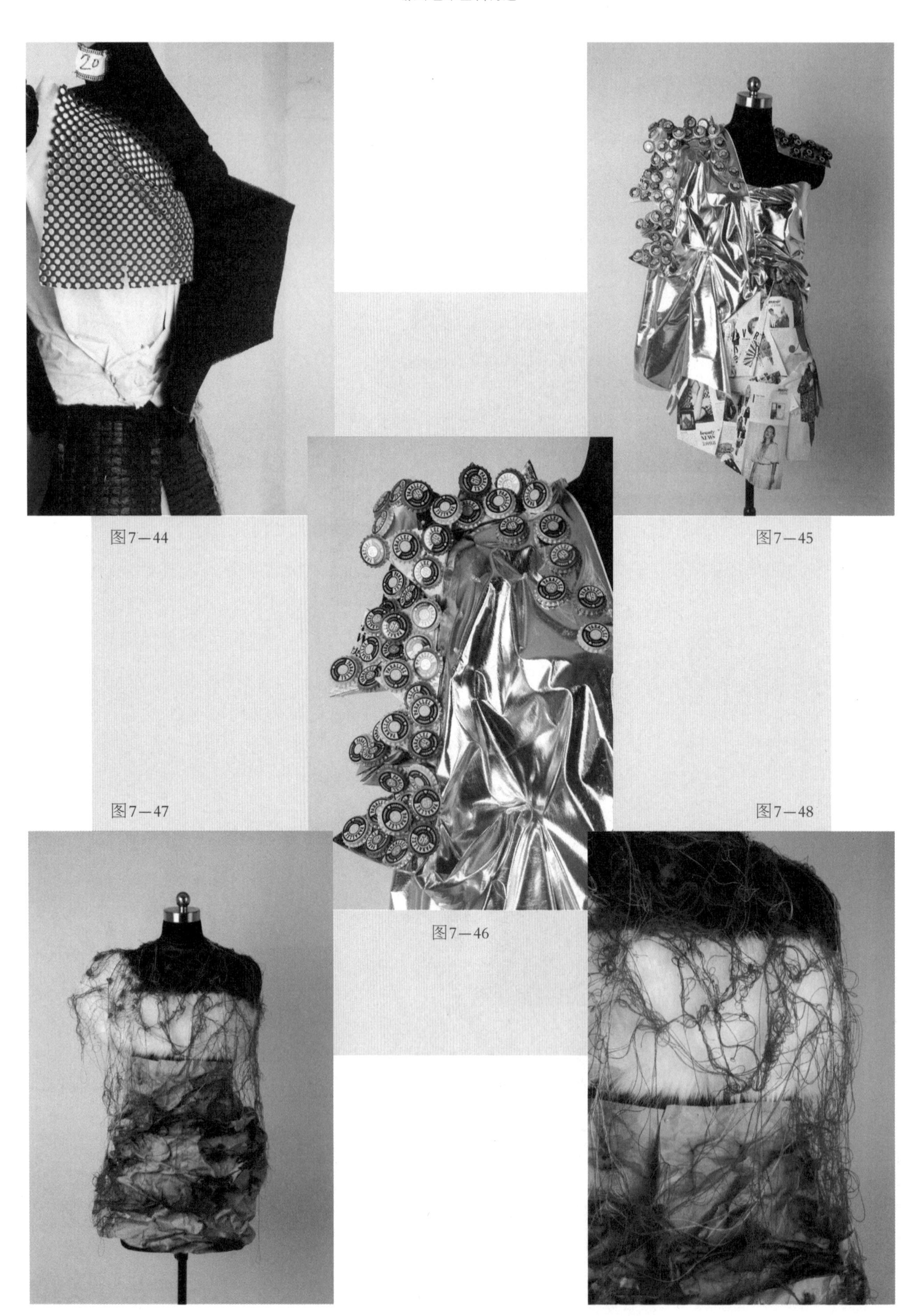

图7—44

图7—45

图7—47

图7—48

图7—46

图7－49

图7－50

图7－51

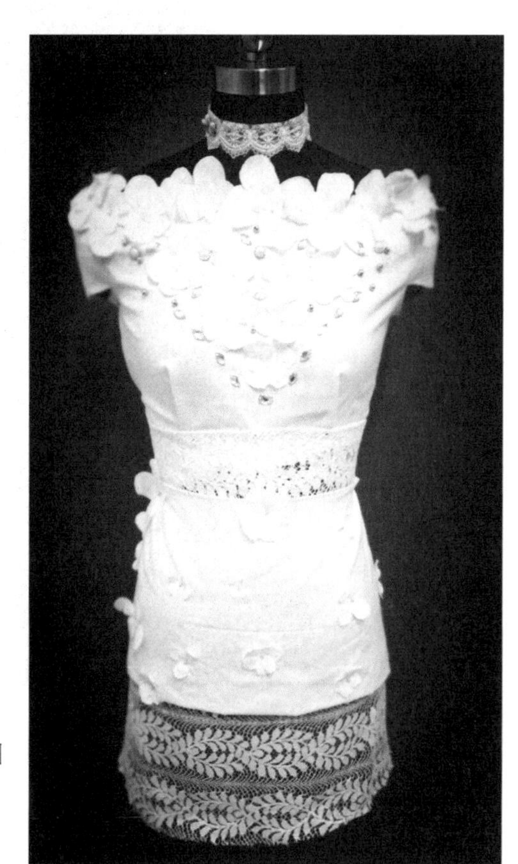
图7－52

图7—53

图7—54

图7—55

图7—56

图7—57

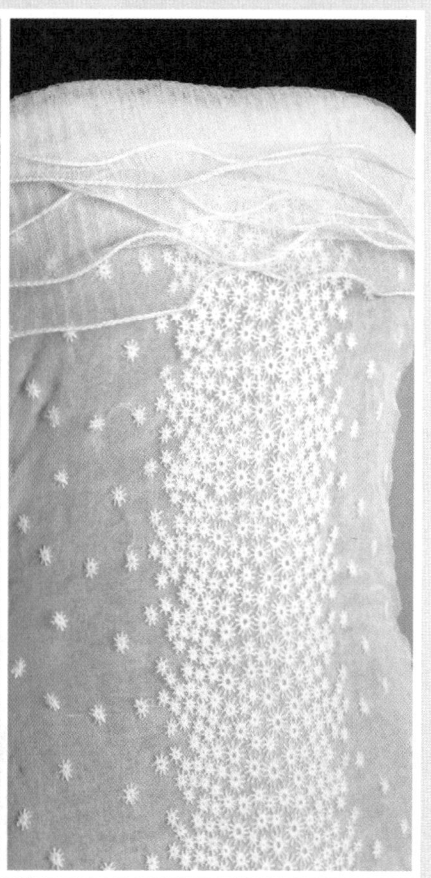

图7—58

此作品的设计灵感主要来源于生活中我们常用的拖把，拖把上的布条以及垂坠感让我想把它运用到我的设计中，裙子是抹胸的设计，把黑色的布剪成不规则形状的布条拼接在白色的胚布上，前后设计不一样，以经典的黑白配再利用粉红色的珠针加以点缀，增加了一些女性的魅力，不会让人觉得比较单调。

图7—59

图7—60

此作品以牛仔面料为主，浅色与深色相结合，运用了拼接各种方法，流苏也是整个作品的主要装饰物，以及各小块有规律的拼接，体现了整个作品的灵动性。

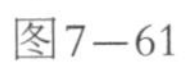

图7—61

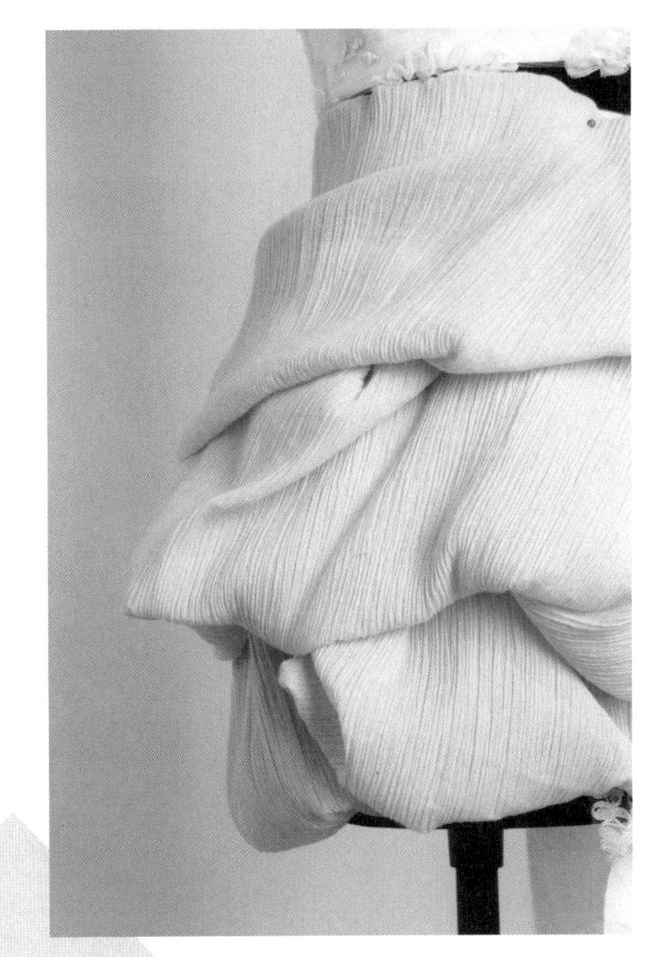

图7—62

图7—63

图7—64

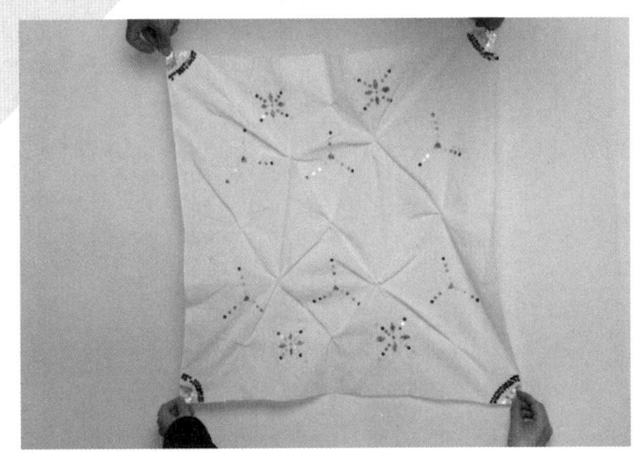

◆ **思考：** 如何把握服饰艺术面料二次设计与服装人体美的关系？

◆ **练习：** 以新材料新工艺为主题，创作设计一系列（5套）作品，男女装不限，要求需符合设计主题，作品应包括设计说明、设计效果图、设计款式图、面料小样。

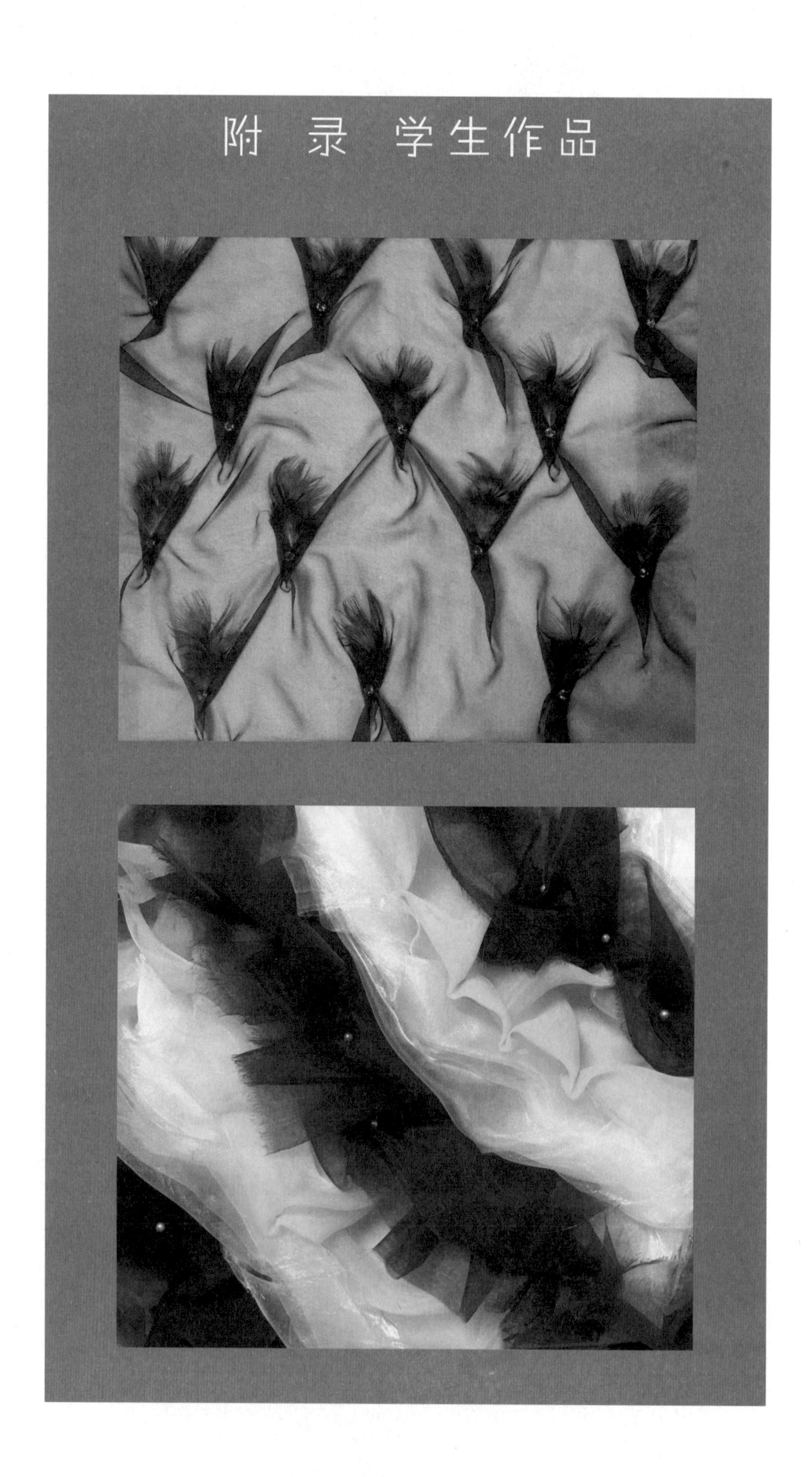
附 录 学生作品

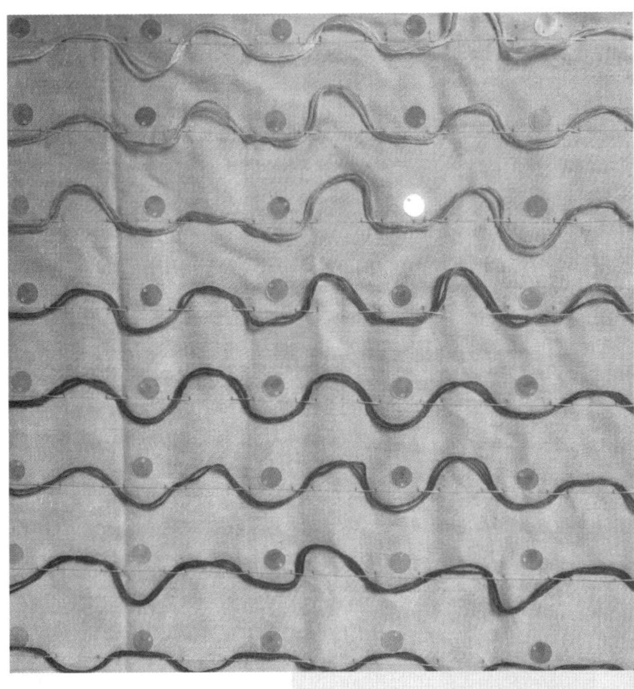

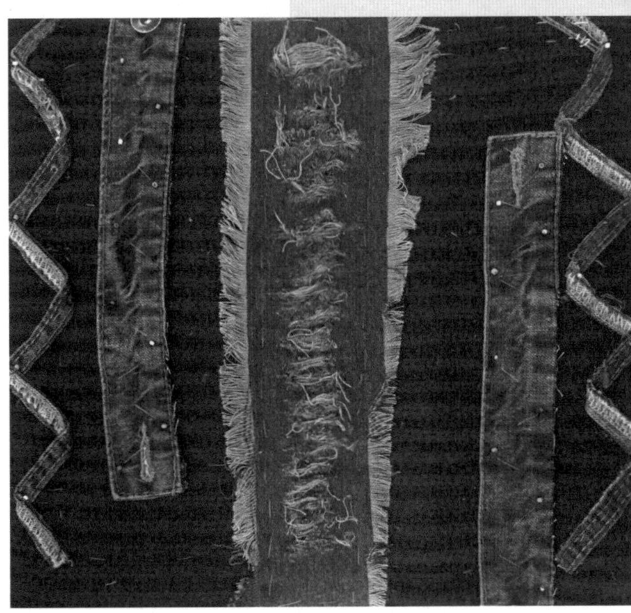

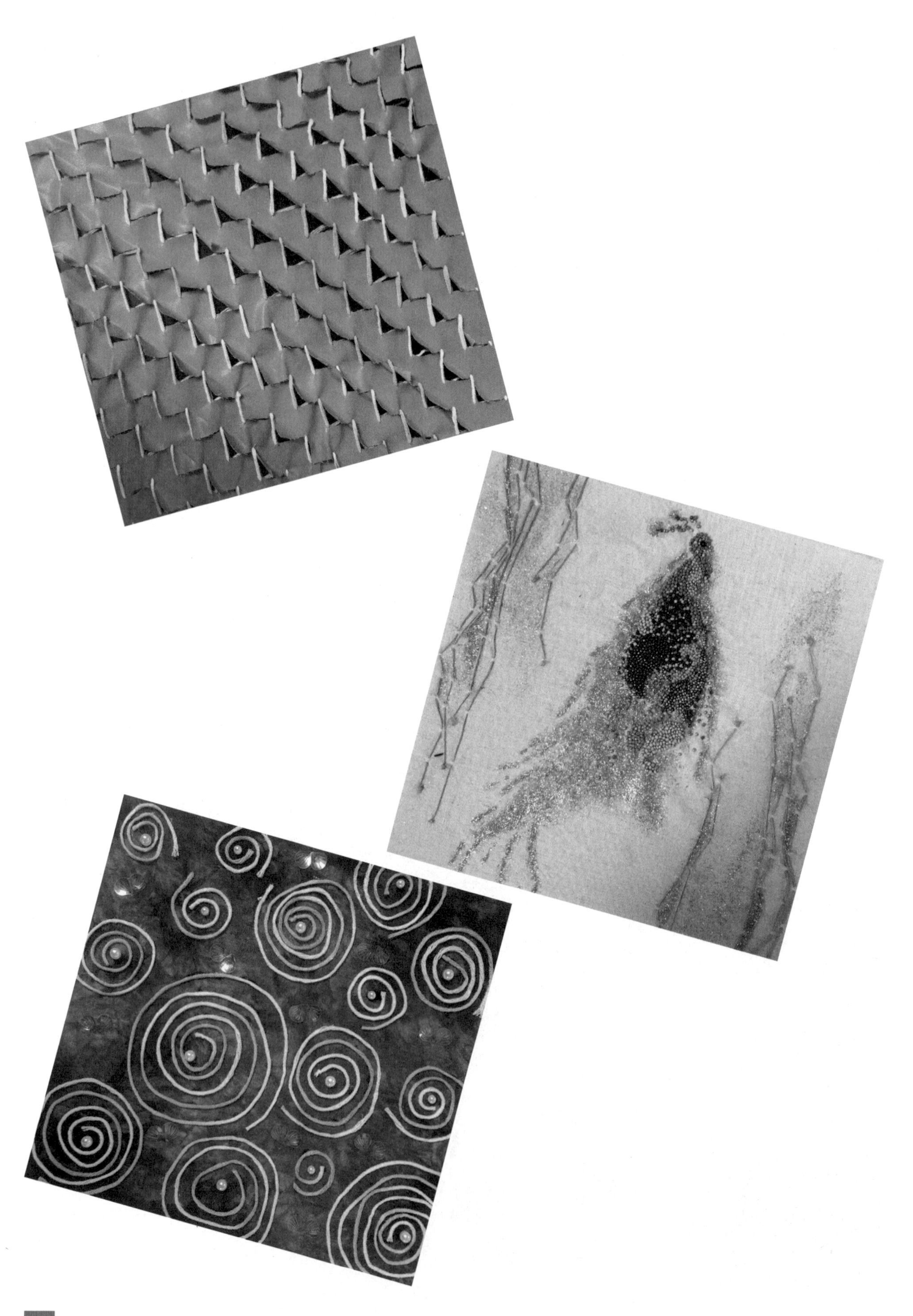

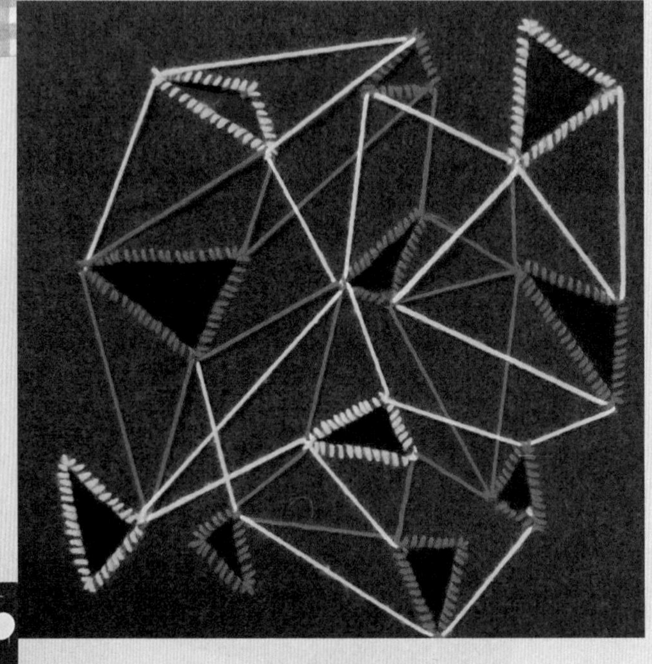

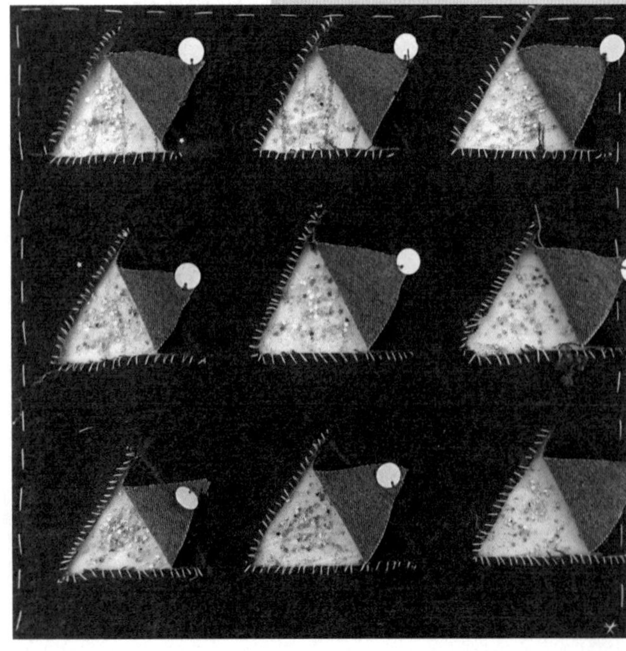

图书在版编目（CIP）数据

服饰艺术面料再造/刘静等主编. —合肥：合肥工业大学出版社，2017.7
ISBN 978-7-5650-3482-4

Ⅰ.①服… Ⅱ.①刘… Ⅲ.①服装面料—教材 Ⅳ.①TS941.41

中国版本图书馆CIP数据核字（2017）第180749号

服饰艺术面料再造

刘 静 刘 霞 主编　　　　责任编辑 石金桃

出 版	合肥工业大学出版社	版 次	2017年7月第1版
地 址	合肥市屯溪路193号	印 次	2017年7月第1次印刷
邮 编	230009	开 本	889毫米×1194毫米 1/16
电 话	艺术编辑部：0551-62903120	印 张	7.75
	市场营销部：0551-62903198	字 数	260千字
网 址	www.hfutpress.com.cn	印 刷	安徽联众印刷有限公司
E-mail	hfutpress@163.com	发 行	全国新华书店

ISBN 978-7-5650-3482-4　　　　定价：48.00元

如果有影响阅读的印装质量问题，请与出版社市场营销部联系调换。